# 成为母亲

## 一场心灵的奇异旅行

描缈 —— 著

中国纺织出版社有限公司

图书在版编目（CIP）数据

成为母亲：一场心灵的奇异旅行/描缈著.--北京：中国纺织出版社有限公司，2024.7
ISBN 978-7-5229-1349-0

Ⅰ.①成… Ⅱ.①描… Ⅲ.①女性心理学—通俗读物 Ⅳ.①B844.5-49

中国国家版本馆CIP数据核字（2024）第033143号

责任编辑：张 宏　　责任校对：王蕙莹　　责任印制：储志伟

中国纺织出版社有限公司出版发行
地址：北京市朝阳区百子湾东里A407号楼　邮政编码：100124
销售电话：010—67004422　传真：010—87155801
http://www.c-textilep.com
中国纺织出版社天猫旗舰店
官方微博 http://weibo.com/2119887771
天津千鹤文化传播有限公司印刷　各地新华书店经销
2024年7月第1版第1次印刷
开本：880×1230　1/32　印张：6
字数：108千字　定价：58.00元

凡购本书，如有缺页、倒页、脱页，由本社图书营销中心调换

# 前　言

这本小书我花了两年时间完成。自从有了女儿猫顺，我只能在每天的时间缝隙里，在众人安眠、万籁俱静的深夜里，蹑手蹑脚，匆匆赶去和文字幽会。一个母亲想要拥有一点珍贵的个人时间，只能用睡眠和休息时间去做交换。

我一个直爽的朋友说："你写文章好拼哦，但是我感觉你有点对不起你的孩子。"我听罢不知怎么接话，只能尴尬而不失礼貌地哈哈一笑。原来成为母亲本身自带"原罪"，渴求自由便是其中一条。

人们都说痛苦是创作灵感的源泉，成为母亲的我意识到，痛苦和幸福交织的矛盾是创作的尼亚加拉大瀑布。孕育在当代已经成为一个纪律严明的仪式，女性得到了全方位的科学指导。但我意识到，女性成为母亲过程中的感受，如同一封不该被打开的信，如同某个不该被宣扬的秘密，它是一片真空，与整个人类无关，只与如何生产人类有关。最可笑的是，连我自己都差点忘了这种感受。

两年前，女儿一个多月大时，我突然意识到，我的身体到处都是被怀孕、生产、哺乳"洗劫"过的痕迹，而我对此的细节感受，正在飞速离开储存它们的大脑单元。这很糟糕，如同你全身湿透地回到家，却想不起来刚才是淋了雨，还是掉进了河沟。

据说，母亲在生育、养育过程中所经历的感觉，会被大脑以"自我保护机制"加速排出体外。我对此深信不疑，否则，人类也不可能走到今天。

我似乎踏入了性别为我早早预备的微型陷阱，它是无害纯洁甚至目光远大的，而我满腹疑虑与牢骚，在内心计划为它写下一本说明手册。

于是，在生产后一个多月的某个深夜，我坐在一张支在兵荒马乱的育儿战场上的书桌前，打开电脑，在空白文档中敲下本书的第一个字，将最滚烫的一手资料倾泻而出。

我在文字中踽踽独行，同时，世界在热烈讨论着、催促着我——作为母亲，你何时为孩子的生长发育、学习和人格发展提供必要的图纸？你最好深思熟虑，日夜添砖加瓦，火热赶工。随着孩子一天天长大，你要避免孩子成为你弱点与懒惰的化身，你没理由不倾尽全力，而且昼夜焦虑于自身的不完美。

母亲，早出晚归，充满计划与经验，越发娴熟，宏大的叙事将她淹没其中，她无暇回忆和顾及那些纤细的、敏感的、震撼的、合理却不讲理的、曾发生在身上的感受。

母亲，对她浮于表面的关注很多，向外的职责延伸很多，而向内的描述太少。

我决定在母亲这本宏大、高尚、科学的巨著后面，添加私人化的注脚。

在故事彻底沉睡之前，我已将它和盘托出，用八万字赋予它们永存的形体。

您正在阅读的这些文字，将是一场完整的、不无女主角冒险成分的，一场成为母亲的叙事与体验之旅。

它也是一封书信，寄给愿意读它的女性。关于成为母亲，你早已开始，或刚开始，或正准备开始，或未开始，愿我的经历陪伴你。

同时，将它献给我的女儿。

诗人艾德里安娜·里奇曾说过："所有男女共同拥有的一段不可否认的经历，即我们在某个女性身体中长达数月的成长期……我们大多数人从女性的角度首次了解爱与失望、刚与柔为何物。这一经历在我们身上打上烙印，它将伴随我们一生，甚至持续到我们弥留之际。"这段话曾将我击中，内心之感难以形容。

我感受到，母亲的故事是所有故事的起点，从这生命坚决地"征用"你为她母亲的那一刻起，旅行与遗忘就已并肩启程，烙印既在她身，也在你身。

愿我可以描述，一个女人和她的孩子相遇时，迸发何种爱与痛、刚与柔。愿我可以讨论，成为母亲是一场怎样的心灵之旅。

愿这种记录存在意义。

作者

2023年7月

# 目 录

**1 哺乳，成为母亲后的一场地狱之行　001**

这些天在幻觉中，我仿佛化身触犯神怒的普罗米修斯，被锁在高加索山的悬崖上，宙斯每天派一只鹰来吃我，又让我每天重新愈合，日日承受被鹰啄食的痛苦。

**2 摊上个"戏精"阿姨，家里被搅得天翻地覆　017**

阿姨过分表达了自己作为一个人的那部分七情六欲，而我希望得到的，不过是一场标准的服务，一段不过火的交情，一个专注于工作而不热衷于在别人家庭中寻求关系、争得位置的人。

**3 养个"高需求"宝宝，真的一点都不难　049**

照顾婴儿的人，他们的夜晚就像一个怪异无比的迪厅，这里闪烁着头痛欲裂的灯光，声波在空气里狂奔，你独自一人在舞池中不停摇晃。

001

## 4　如果回到生孩子前，多希望这些事能有人告诉我　　067

只要你生过一个孩子，便会明白，怀孕生产的确是一个孤独的过程。伴侣、医生、家人、朋友……无论你身边簇拥着谁，你都要靠自己，只能靠自己——你在天上尖叫着被过山车疯狂地甩来甩去时，他们也许只是系在你身上的那根安全带，或者是站在底下喝着可乐等你的人。

---

## 5　当妈后，我才开始真正理解我的母亲　　095

一个人对父母的理解，并不一定从愧疚开始，大部分也许是从相像开始。人总是先远离父母，证明自己破土而出，崭新而清白，等到了某个人生节点，突然大吃一惊——父母和自己，竟像两张纸叠在一起，上一代人的纹路印记，隐隐淡淡透在这一代人的纸上。

---

## 6　当护士惊叫着猛击我肚子时，我才知道生孩子藏着多少不可控的危险　　111

在这种时刻，我莫名其妙地全身心信任起女性来，我把一切托付给了她们，她们似乎掌握着我所不了解但正跋涉其中的生育王国的所有秘密。这情形简直像在现代化医院里进行一项古老的仪式。

---

## 7 没一个妈妈,可以平衡工作和孩子　　143

母亲就像杂技演员,口里含火、手中抛球、脚下踩轮,卖命地在原地打转,表演平衡之术。与此同时,父亲依旧在笔直的跑道上,迈开双腿前进。

## 尾声　　159

如今我流失了许多原本的领土与权力。
人们常说孩子的成长只有一次,我现在才深刻体会到这句话的含义。

## 彩蛋——成为父亲　　163

我想我要把他拖住,让他给观众们再走两步,再唱两句,唱掏心窝子的肺腑之言。这样大家以后再看到这样的角儿——家里妻娘老小在前面唱得精彩卖力,他立在一旁当背景龙套——就会心里哦的一声,然后想:"他也不是木头,他心里可丰富着呢!"

## 致谢　　177

# 1

哺乳,成为母亲后的一场地狱之行

仅仅数小时前我们还是一体，此刻她在距离我两米的地方，一个婴儿睡床里，发出警报一样的哭声。

有人提出，妈妈和宝宝在出生六个月内处于共生状态。换言之，我们是一个整体，一个复合生物。

她的哭声、吮吸，我的乳房腺体、激素，用一种既科学又神秘的方式，将我们紧紧交织在一起，任何一种人类成员之间的联系，都无法与此比拟。

这个共生体中出问题的部分，很显然是我。

女儿猫顺的信号源源不断发出，催促着我的响应。护士问我："想不想再试试？还是冲奶粉？"我说："来吧！"

说这话的同时，我扭了扭身子，整了整衣服，调试了一下侧躺的角度，像步入刑场前徒劳的祈祷仪式。

很快，我悲哀地认命，她张大嘴，哭号着凑近我，一口吸住。瞬间，我僵直了身体，灵魂被击穿。带有高温灼烧感的噬咬，猛烈地向乳房发起攻击。全身每一块肌肉都在抗议，命令我起身逃跑。我整个人都弓了起来，本能驱使身体远离女儿，而我却把剧痛的源头，再往她嘴里送了送。

紧接着，吸吮开始了，一阵一阵的火辣感，有节奏地敲击着我的脑壳。

我的女儿明显比我专业熟练，她天生会这一切。而我看着她一鼓一鼓的脸颊，深深地怀疑，我真的有奶吗？这种疼痛合理吗？

正当想法凌乱飞舞时，那贴着我的烙铁开始升温，肉体破损的直觉升上心头。足足40分钟后，女儿才"呼"地丢开我。低头一看，一种不属于人体表面的颜色，绽开在她吸吮过的地方，淡淡的肉粉，像一个娇弱少女，突然出现在炮火刚刚轰炸过的战争现场。

后来想起，事情变得糟糕，就是从那一天开始的。

此后，女儿昼夜开工，她不停地吸，我不停地喂，招来了乳头皲裂的更多同伴。白泡小姐、血痂妹妹，她们手拉手舞蹈，彼此黏在一起难分难舍，尖刺般的高跟鞋狠狠踩在我突突跳起的痛觉神经上。

于是我很快发现，自己不能穿衣服了。创口和布料的摩擦让我痛不欲生，我躺在床上，曾经最隐私的部位现在公之于众。医生和护士对我说，这样很好，母乳促进子宫地收缩，你的身体会恢复得更快。的确，每一次哺乳，我都能感到子宫强烈地收缩，热流涌出，掀开被子一看，哇，这不可思议的出血量，一片鲜红。

把自己当成一只兽或许会更容易些，我蜷缩在床，一丝不挂，闻着下身的血腥味，觉得自己离现代人类越来越远。

乳房是在第3天突然胀起来的，像一座蓄势待发的活火山，有着滚烫的温度、坚硬的外表，轻轻一碰就钻心疼痛。到了第4

天，我已完全不能侧躺，如同爆发了某种剧烈的炎症。

女儿的吸吮没有任何帮助，大约哪里出了问题，我很惶恐。我家月嫂，一位50岁左右、身材厚重、充满自信的阿姨，搞了些生菜叶子，信誓旦旦地表示，把这个敷上，一定能帮到我。

说实话我打心底不信，但是把一种神药推销给濒死之人，能有什么难度呢？于是我像一个住在热带海岛的原始人，胸前点缀着两坨绿油油的叶子，闭上眼睛，任由摆布。

阿姨保证，她会通乳，一切交给她。她的神情就像一位可靠的老伙伴。一连操作几次后，她一边捏一边摇头，喃喃自语，不时皱眉，仿佛本来打算做场无伤大雅的切阑尾手术，打开腹腔一看，好家伙！好棘手的一颗大瘤子！

她通过朴素的生活智慧迅速诊断出，我的问题是"出口堵住了"。她将棉签沾油，在皲裂的地方挑拨、滚动，我深吸一口气绷住，感受着刮乳疗伤。此情此景，关公见我应大呼一声"好汉"！

"你瞧这里面肯定都是奶，怎么就是出不来呢？我没见过这样的，这个我没办法了。"很突然地，阿姨宣布不再对我的乳房负责。当天晚上10点，她给我下达了"病危通知"，让我迅速去医院乳腺科看看，或者找一个通乳师，越快越好。我说现在是周六晚上，周一行不行？她说事情十万火急，绝无可能拖到后天。

事情发展到这一步，并非完全受阿姨摆布。在她对我"下手"之前，我明确表示我要先查查。谁知网络上的各种答案，风马牛不相及，经验主义和科学主义左右互搏，比如对于我这种情况应该冷敷还是热敷，莫衷一是。除了看似拥有经验的阿姨，我无从获得帮助。

这些天在幻觉中，我仿佛化身触犯神怒的普罗米修斯，被锁在高加索山的悬崖上，宙斯每天派一只鹰来吃我，又让我每天重新愈合，日日承受被鹰啄食的痛苦。我昼夜不得休息，每一轮疼痛袭击过后，我都感到一种奇异的平静，脑海中空无一物。

丈夫小王向女同事深夜求助找来的一位通乳师，于周日早上9点准时出现在我家中。她看起来40多岁，长着一副令人信赖的面孔，带着阅乳无数的权威和慈爱而来，如同驾着七彩祥云的仙女。

她只略略扫了一眼平瘫在床上的我，便说："你奶不会够的，准备买奶粉吧！"

"咔嚓"一声，风云突变，日月失色，暴雨如注。

据说有很多妈妈奶水产量多到需要送人，所以我从未对自己泄气。即使被锁在高加索山上，我也充满了一种献祭般的母爱和自我感动。如今我却被告知，献祭疼痛也得不到神恕。

她的确专业，在把手掌覆上来的那一刻，就让我感到了和月嫂迥然不同的水准。她春风化雨，很快驯服了那座火山，我如释重负，同时心情灰暗，不得不相信这位先知对我命运的预言。

通乳事毕，她告诉我，我的"奶嘴"比别人短，且不突出，注定比别人疼。她还叮嘱我，每次哺乳要变动方向，否则，"奶嘴"有从一个方向断裂的风险。听闻此言，我脑海中速速掠过画面，不寒而栗。

对于通乳师的判断，我妈宋女士则不以为然，并生怕我因此懈怠哺乳。实际上，我并未放弃，仍然咬牙坚持。每一次我在哺乳时发出凄厉号叫后，宋女士都对我表达了不咸不淡的安慰。我深感落差，要知道曾经我在她心中如珍宝一般，而现在，我所受到的肉体伤害，貌似是一种无害的、理所当然的、不需要过分关注的事情。

我感到，要想真正获得成为母亲的资格和荣誉，我必须通过某种受洗仪式，而最爱我的母亲，此刻仿佛成了教母嬷嬷。她肩负神圣使命，要确保我对自身职责有清楚认知，对奉献抱有彻彻底底的觉悟。我从她看我的眼神中，看到了一个被判定不虔诚的信徒。

事实上，在成为母亲最初的几天里，我突然陷入了被剥夺感和无力感中。人们都说"成为母亲女人才完整"，而我感到自己的一部分被剥夺。身体的大门敞开，成了一个公共空间，一群陌生人闯入这里四处看看、到处翻翻、高声聊天，我无力阻挠，也没有阻挠的理由。

我被囚禁在自己的乳房里服刑，人们只看到它，看不见我，四周是巨墙，我在里面彻底失声。

如此继续努力亲喂，每次哺乳40分钟，每天8次，每次丢开后，女儿仍然饿得哇哇大哭，不得不补充奶粉。我伤势渐重，终于有一次，女儿"呼"地丢开我后，那里出现了一个血坑，一个血汪汪的、向内凹陷的坑。

产后7天新生儿复查，女儿被诊断为舌系带过短，母乳喂养如此艰难，许是拜此所赐。医生说，舌系带过短令婴儿无法包裹式吮吸，如果不剪，疼痛可能令我无法继续哺乳。小王打电话告诉我，让我决定剪还是不剪。

剪，我的产量如此吝啬，值得让新生儿受这个罪吗？不剪，我怕医生的预言成真。于是吐出了那两个字："剪吧！"一瞬间愧疚和心疼涌了上来，我感到自己是一个万死的"刽子手"。

回家后，丈夫把女儿第一次做手术的"珍贵"视频资料给我看，产后汹涌无序的激素冲撞着我，我想爆哭一顿。他还告诉我，医院给新生儿剪舌系带的那个房间，一个个宝宝进进出出，哭声此起彼伏。我脑海中浮现出流水线般的画面，又开始怀疑女儿是否承受了过度医疗，拜她那没骨气的、畏惧疼痛的母亲所赐。

女儿回家后，我尝试体验一次正常无痛的哺乳，然而，变化不大。我感到孤立无援，被整个人类的经验宝库和科学文明抛弃在边远之地，无人再能帮我，以后我只能踽踽独行，依靠自身意志力与命运相对抗。

血坑反反复复好了又坏，于是开始上药，在乳头膏的基础上使用红霉素软膏。每天哺乳后上8次药，哺乳前擦8次药，棉签每碰一下创口，我浑身哆嗦一下。夜里从熟睡中强行醒来3~4次，擦药—哺乳—上药。这里是人体最敏感脆弱的部位之一，却因哺乳事业受伤残破、痛绝人寰。

事情朝着糟糕的方向誓不回头地发展，在不哺乳的时候，乳房也时刻火辣辣，如同烧红的烙铁粘在了身上，我已经达到了极限。

即便我每日上刑，也追不上她的饭量上涨速度。我从她的一半口粮，渐渐变成三分之一、四分之一，到后来，只做开胃前菜或饭后甜点。

那天，我犹豫良久，主动提出想用吸乳器。没错，这件事并不能由我做主，必须通过月嫂阿姨和宋女士的同意。她们的确不会把我绑起来亲喂，却可以用遗憾的语气和看逃兵一样的眼神将我就地正法。

感谢她们的人道，不情不愿地同意我"放假"几天，但我必须保证每天8次的吸乳频率。当天夜里，用上吸乳器的我如升天堂。

现在再回想，我与女儿的亲情建立，真正开始于我走出疼痛地狱。在最初那段日子里，一个残破的我，根本无力去爱。

压力和痛苦并非源自于成为母亲，而是观众对"母亲"的定义期待，对其人格精神的渲染。我仿佛身处伟大竞技场，为获得母亲的资格和荣誉，搏斗不息，伤痕累累。

吸乳器固然解决了疼痛问题，却带来了新的麻烦。每次用完必须彻底清洗，吸乳器的零件大大小小加起来有8个，洗完烘干消毒又需要20分钟。我的时刻表变成了每3个小时吸一次，每次吸半个小时,然后清洗烘干20分钟,每天我都神经紧绷,马不停蹄,生怕赶不上时间滴滴答答的脚步。

于是我犯下了一个"不可饶恕"的错误,有天晚上,我睡了一整夜。

我可以用正当的理由解释它,连日的疼痛疲劳终让我无力再抵抗,但我却没有辩解的正当立场。第二天,就如灾难片一样,我的产量一夜之间猛然萎缩,吸奶器里,一滴一滴缓慢流下直到不再有一滴,看着那到达不了的刻度线,我心如刀割。

都是我的错,这个新生命和我是共生体,我没有自私放纵的权利。我如同一个衰竭的器官,拖累伤害了无辜的她。

"你那会儿都喝了我7个月的母乳呢。"宋女士怀抱孩子,背对着我,轻声说道,她只是陈述事实,并未向我表达强烈谴责。我默默走出房间,泪雨不受控制地滂沱而下。

深夜,我独自坐在客厅,两手举着吸乳器,听着仪器工作时单调的嗡嗡电流声,整个人浸泡在静静流淌的悲伤之河中。我仿佛一艘被放逐到了太阳系边缘的舰船,失去信号漂泊在无垠星海。

丈夫见状,劝我不要再纠结于母乳,他说他自己就是喝奶粉长大的,没什么毛病。他还说吸乳器洗起来很麻烦,吸出来的奶单独保存还有被细菌污染的风险,要不断了算了?我心中明白,他是想成为我的"共犯",从而减轻我的负罪感。

我与命运的对抗,似乎走到了终章,挣扎过,却再无力回天。

女儿每天都迅速构建新的骨和肉，她的身体，今后将不再由我的身体化物组成。我与她之间那紧密缝织的线即将断裂，我们这个共生体即将分崩。我抱着她，用奶瓶替代我的身体喂她，她的眼睛明亮如珠，沉静似水，浑然不晓得投射在她身上的剧烈的爱和这场动荡。

成为母亲前每一本教导我的书上，都表示应对母乳妈妈和选择配方奶的妈妈一视同仁，但只要仔细看，字里行间都写满了"未尝不可""实在不行"之类的迁就之词。世界卫生组织说，母乳应是婴儿出生后6个月内的唯一食品，还建议最好喂到2岁及以上。

我如获重罪，同时如释重负，我也努力过，但为时已晚。

产后42天复查，医生循例问到宝宝的喂养情况，对此表示只要宝宝身体无异常，基本靠人工喂养是可以的。我却对为何没有进行母乳喂养做了一长段解释。我喋喋不休，浑身冒汗，匍匐在忏悔的神殿，颤抖着寻求原谅。

医生没有打断我，也没有关心我，更没有表现出对这个话题的任何兴趣，仿佛我面对的是一片真空。我浑浑噩噩，走出诊室，感到自己刚刚在空无一人的剧院里表演了一场麦克白式的独白。

对女儿来说，我的乳房已经是个空瘪的粮袋，但仍有安抚功能。她有时哭闹不已，不知是不是畏惧生命初期的迷雾和混沌，众人皆无法安抚，我将她抱在怀中，身体贴合，她一边听着我的心跳声，一边吮吸着我，很快就能平静下来，进入梦乡。

女儿快两个月大时的一个傍晚，我立于窗前，她躺在我手臂上吸吮着我。灯光还没有升起，日光已经隐没于地平线，屋中半昏半暗，物体的阴影被拉长成模糊奇异的形状，无人说话，一切静谧，仿佛电影中的一幕留白时刻。

我们四目相对，心流交互。从她的眼睛中，我接收到了一种陌生的讯号，包含着只有母亲才能解码的神秘信息，她的表情与往日不同，透露着成熟的沉静与自我意志。我怀疑这是我的错觉。

她突然将吸吮停止，"呼"地丢开我，躺在我手臂上，没有哭，也没有动，只是凝视我。

那天之后，我失去了她，又获得了新的她，她再也没有索取过母亲的乳房。

她蓬勃的生命，从我的地表破土而出，势不可当，兴建起她的故事。

文明交迭的时刻到了。

我所有祝福的化身，我的爱，属于她的生命体验已然开始，未来可期。

我成为母亲的体验之旅，奏着深沉的乐声，拉开新篇章的帷幕。

| 成为母亲：一场心灵的奇异旅行

### 描缈说 ▶

  以上文字写于猫顺2个月大时，花了一周时间完成。分享这段经历，并不是为了博取同情。我知道，很多哺乳成功坚持下来的妈妈，也不意味着一点痛苦都没有。

  半夜困极了，也要爬起来喂，打起精神不能睡着，时刻注意宝宝的鼻子有没有被堵住。活动范围被规定在离家5分钟的范围内，比监狱里的犯人还没有自由。每隔一两个小时，乳房便会再次装满，开始胀痛，奶液不受控制地滴答着，不分场合地洇湿衣服。医生、家人、朋友都让你好好休息产更多奶，可是晚上你要喂夜奶，白天宝宝睡着时，你又难以入睡。一次又一次地堵奶，得了乳腺炎，高烧40度，严重者要去医院刺乳化脓引流。不管你喜不喜欢，不停灌下各种汤汤水水，用各种催奶土方。饮食范围被严格限定，各种调味料、咖啡、酒精、海鲜、牛奶、坚果统统都有风险。你每天吃着千篇一律寡淡无味的饭，如果宝宝有什么不适，所有人的第一反应都是问你，是不是你奶有问题？

  然而这一切，还有我遭遇的哺乳难题，在成为母亲前，我并不完全清楚了解。生产后，我如同一个赤手空拳的人，被丢弃在野兽出没的黑暗丛林里。经历过这一切后，除了其他妈妈，我也没有可倾吐的对象，我那些未生育的女性朋友，对此一脸茫然。

  孕育在当代已经成为一个纪律严明的仪式，当下到处提倡母乳喂养的益处，却很少有关注母乳妈妈的身心健康的系统方法，育儿书琳琅满目，却鲜有详细讲解哺乳中可能遇到的五花八门的问题，并有针对性给出解决方案。在生产前，很多妈妈对哺乳没有心理和身体上的准备，当遭遇发生概率并不低的皲裂、乳腺炎、堵奶等问题时，往往要借助不知道靠不靠谱的月嫂、通乳师摸索前进。

我初次在网上分享这段经历时，收到了很多读者的留言，他们中有分享自己哺乳经历的妈妈，有专业从事乳制品和人体营养的人士，还有母婴哺乳领域的研究者。令我欣喜的是，这些留言让我看到，现在已经有越来越多的人开始认为，无论是纯母乳还是人工喂养，母婴的身心健康最重要，不应给予新手妈妈在母乳亲喂上的压力。他们写下的长篇留言——蕴含着关怀和智慧，其中有实用性较强的哺乳建议和哺乳问题解决方案。

我在此将这些知识梳理罗列出来，希望此书出版能帮到更多人。

1. 怀孕之后，每天轻微刺激乳头10分钟，可以适当减轻生产之后哺乳的痛苦。

2. 正确的母乳喂养是不疼的，那些告诉你忍忍就过去了的话千万不要信，让你感觉疼痛的哺乳过程可能有问题，一定要找出问题并解决。我们说"为母则刚"，但绝对不是让妈妈忍痛哺乳。

3. 可能是因为宝宝舌系带短影响含接，但更主要的是要调整哺乳及含接姿势。

4. 文中"月嫂阿姨"的通乳处理,显然是不推荐的(很可惜现在社会上出现了更多类似的现象,严重伤害哺乳妈妈的乳房和心灵)。

5. 乳盾有防皲裂的作用。

6. 宝宝出生后,妈妈就可以用吸奶器,大多数宝宝都是只吃前奶不吃后奶,也就是说,妈妈乳房一半的奶宝宝吸不出来。奶水是否充足和乳房大小无关,吸奶器可以帮助乳房接收到"奶又不够了,要产更多奶"的信号,奶水才会越来越多。并且,吸奶器可以帮助把凹陷扁平的乳头拉出来,最终实现亲喂。吸奶器还能有效防止破损皲裂。吸出来的奶保存得当(0~4℃冷藏72小时内,-18℃冷冻3个月内,40℃水加热),营养和亲喂没有太大区别。

7. 乳腺炎发烧是可以吃药的,有哺乳期安全的药物(如布洛芬),新手妈妈没必要因为担心影响喂奶而硬扛。

8. 饮食对催奶的作用微乎其微,各种下奶汤实际上除了让妈妈增胖,并没有太大作用。

9. 同7,哺乳期妈妈可以正常健康饮食,甚至可以吃火锅,酸甜苦辣咸人生百味均可尝试,不过酒精除外。

10. 遇到哺乳问题,可以寻求专业指导,例如IBCLC(国际认证泌乳顾问)。

除以上知识外,我还想在此分享一位网名为"水的快乐"的爸爸的留言:

"我是个10岁娃的爹,按说我来讲这些事你可能感觉别扭。

但我同时也是专业从事乳制品和人体营养的人员。我想说，如果有源源不断的母乳给到自己的孩子，应该是绝大多数新妈妈最快乐的事。但如果没有或者会对新妈妈身、心造成伤害，那还是奶粉吧。这并无不妥，母亲的责任是为子女提供充足营养的食物，不一定是母乳。你也不必为此如此介怀，会影响身心健康，忍着疼痛哺乳并不会增进你们母女感情，问问你丈夫，他会因为没有吃到母乳而记恨他妈妈吗？或者，他因此而发育不良了吗？应该也没有。否则你也看不上他，不是吗？更何况，现代婴幼儿配方奶粉比二三十年前要更科学、更符合孩子的成长。再说，看图片，女儿长得很好啊！"

这位爸爸开头第一句向我表达了唐突之情，他说他来探讨这个话题，对我可能是一种无礼，会让我感到别扭。事实上并不会，看到爸爸来关注这个话题，我其实很欣慰。

如今我已成为母亲两年，我想对看到这里的新手父母，也想对曾经的自己说——当女性初为人母，有太多的变化需要适应，妈妈们并不需要为了所谓的"最好"跟自己较劲儿。母乳充沛、易于喂养当然是福气，但因种种原因无法实现母乳喂养也绝不是罪恶，我们有权根据母婴双方的实际情况决定喂养方式，不必被母乳绑架。孩子需要一个开心的母亲，先从解放母亲的肉体，消除疼痛开始。

孩子总会长大，母乳或者奶粉都只是他们人生中轻描淡写的一段经历而已。

# 2

摊上个"戏精"阿姨,家里被搅得天翻地覆

丈夫开车载我和女儿回家。三天前去医院生孩子时，我坐在副驾，此刻我在后面，守护着新生的婴儿。她被襁褓裹着，躺在婴儿提篮里，只露出袖珍的脸，让人倍感要小心翼翼。

我想起小时候曾得到过一件玻璃工艺品，也许不值多少钱，但我当珍宝似地爱它。其样子已经被记忆擦模糊了，只留下易碎、昂贵、璀璨的印象，正如眼前女儿给我的感受。

车窗外，阳光不太明朗，我已记不起今天几号。这三天，我跳进时间虫洞，去完成了一场不可思议的仪式，如今又回到现实。

夏日中午的热浪蒸腾着外面的世界，车辆行人拥堵喧嚣，烦不可耐。我觉得自己声势浩大，情绪澎湃，像是打完仗归乡的士兵，又像是刚结束皇家婚礼，坐车巡礼的盛装新娘。

我的心怦怦跳，有关新生活的景象，如一条绵密厚重的地毯在前方徐徐展开。我恨不得向外界挥挥手，发泄亢奋无措的心情。

到家了。去时我是一个人，回来时，我似乎购买了一件过于奢侈的礼品。

我抱着她，在屋里转来转去，对于的她的娇嫩和新鲜，一切都不像适合她的容器。终于我将她暂时安置在了印有知更鸟图案的蓝色睡床里，那是早为婴儿准备好的，如今总觉还欠妥当。

我坐了下来，环顾四周，事物陈列显示着三天前主人匆忙离开的痕迹，一种奇异的感觉袭来——我感到这住所的女主人环球旅行去了，归期遥遥，音信渺渺。我如今正坐在她的床上，她的气息，她生活的习惯，她的矫揉情趣，统统包围着我，而我肯定不再是她。

下午2点，阿姨上门了。

她是我半年前亲自选中的，虽说候选者只有两位，但她们皆有口碑，在朋友的朋友家工作过，总胜过从陌生的中介机构里盲选。我曾通过视频面试过她们，二人对比强烈。

第一个阿姨，满脸的肌肉堆着工作带给她的折磨和烦腻，她的话密集如雨，不等我问完就背答案，语速狂飙。跟她聊天时我一直分神，她丝毫不掩饰自己过分洪亮的嗓门，她说自己在"客户"家，但仿佛客户家并不存在一个需要精心对待的婴儿。我称赞她育儿知识全面，然后逃也似地挂掉通话。

另一个阿姨，她原生的表情纹路都往下撇，无论说话还是沉默，一直挂着笑，所以冲淡了面相的苦涩，让人感到生活或许对她很过分，但她总怀宽容和善意。"妈妈""宝贝儿"是她挂在嘴边的词，谈起我肚子里的孩子，她的语气神情，让我仿佛看到婴孩在她怀中，沐浴着耐心及爱意。

不用说，我要她，我甚至感到自己一直在等待像她这样的人，来接管我即将在生产后和育儿中面对的脆弱和生涩。

我等待的人，此刻站在我家门口。

她整个人红彤彤的，身体向外冒着热量，上身一件艳粉色的蕾丝罩衫，下摆和袖口点缀层叠繁复荷叶边，让人想起洛可可贵妇，里面套着印卡通图案的白色短袖，下身着七分纯黑打底裤，一双桃红色运动鞋，结实厚重的身体被包裹在这些装饰物里，像一出卖力吹打却依然走了调的戏。

她带来一只巨大行李箱，"太热了，太热了，"她抱怨天气，上下扫视我，马上又开始尖声叫起来，"你这样不行的！"

她指的是，我穿了一身睡裙。她说我这样会害了自己，坐月子该包得密不透风，哪怕一点点暴露都会对我产生巨大伤害，让我将来悔不当初。她不管现在是北京的6月，还是西伯利亚的1月，总之，我最好马上去换上长袖长裤，再套上一双袜子和全包脚的厚鞋。

我强烈感觉我和她就像在森林里相遇的两个人，需要校准彼此的手表和指南针，否则将无法同行。

我急切地向她解释说，育儿书上写产妇要是待在舒适的温度里，也可以穿裙子。她不停摇头，反复向我描绘与疼痛、残疾相关的可怖未来，同时持续微笑着。

这张洋溢着可亲善意的脸，越看越像被模具烫焊过，笑容永久成型在肌肉上了。

这是一场驴唇不对马嘴的辩论。我意识到，在这个人心里，她穿着消防员制服,而我正是那个挂在窗户边摇摇欲坠、一无所知的小孩。

突然,一条信号轻轻弹了下我的脑神经——她在捍卫、强调某样东西。那不仅是她的正确性,更是她的职权。

她一进到我家,就像一只步入新地盘的母虎,鼻孔尽力扩开嗅着,胡须微动捕捉风捎来的信息,视线来回扫视该领域的全部生物。这源自她的经验阅历,她曾在许多类似的地方生存过,她熟悉这种地方的规矩与故事,所以老练自信。她擅长快速树立权威,她会使用某套分类标签,"唰、唰"地飞向每个人,像符咒一样贴在他们身上。

我向她发出邀请函,让她闯入我家,同时,我闯入了她的领域。

紧接着她问:"我睡哪儿?"我带她走到次卧。"太热了,太热了,我要先洗个澡!"她脱了外衣,翻出行李里的睡衣,我又带她到浴室,她进去前催促我马上按她说的重新装扮起来。

如果是从前,我不会轻易妥协,但当时我根本没有抗争的力量,意志力和骨气仿佛都被一个巨大针管抽空了。

整整一周以来,我夜不成眠,神经紧绷,宫缩阵痛、生产、开奶,连续不断地轰炸,使我成了一片焦土,一堆废墟。我渴求战后的休养生息,从内到外都摇摇欲坠,只想赶紧投降。"顺从她能让她放下心来,安静一些吗?"我这么想着,把自己套进一条长裤。松紧裤腰勒住身体的瞬间,腹部像点着火一样疼起来,我立马脱下来,把这条烫人刑具扔到远处。

腹部的疼痛源于三天前的生产。当我使劲到一半时,孩子拉了胎粪呛住了自己,胎心陡然下降。为了救她,助产士跪在我床上,两手交叠,胳膊伸直,将整个人的分量压在手掌大小的面积,猛击我腹部,我惨嚎一声,感觉五脏六腑被震碎,眼泪狂飙。助产士一边继续压,一边在我耳边大吼,"别喊了!这是为你好!使劲!快用力啊……"

此刻,我望着那条穿不了的裤子,昏昏沉沉,伤口似乎更疼了,心烦意乱,一个死结卡在我胸口。

我缺乏一个应对眼下状况的完善策略,我感觉我让一个不该出现的人深深嵌入了自己,并且为时已晚,随她而来的一切都与我的期待毫不相符,如同结错了婚、上错了车、吻错了神像,如今我正在受这件错事的惩罚。

阿姨来之前,家里已新加入两个成员——女儿猫顺、我妈宋女士。我听见阿姨在浴室里放水的声音,顿感这个家开始超载。

孩子像一颗恒星那般,她也许不存在主观意识,却拥有强大的隐形引力,她把各行星和它们自带的文明吸纳到身边,自己则处于中心,诞生新的星系。我曾自由漂泊寰宇之中,如今只是这个拥挤星系的成员之一。我的使命,就是旋转在我该在的轨道上,目睹星球壮烈碰撞,见证文明之间不可避免地开战。

关于裤子和裙子的第一战,以我口干舌燥地解释自己为何穿裤子会疼痛,并且承诺会穿上袜子、不开空调,从而签署战后条约收场。我"割地"让她，她接受条件时还流露着为难和勉强，好像还想赢得更多。

当夜，我锁了卧室房门，丈夫去上夜班，我独自躺在床上。这是我成为母亲后在家度过的第一夜，氛围就像某些不太美妙的时刻：重大考试前夜、长假最后一天、忙碌学年的开学前夜，这一天的存在就是对往昔无知无畏狂欢享乐的惩罚。

我回想从下午到晚上，自己像个不能自主的皮球，在自怨、尴尬、烦躁的情绪之间被踢来踹去。

我得到了无处不在的建议，无微不至的护理，难道不应该感激和高兴吗？譬如今天下午，我想洗个澡清静一下，水刚淋在头顶，她的声音就透过哗哗的底噪传进来。

我听不清楚，但她一直在说，那让人心烦的身影在浴室磨砂门上显出轮廓，她把嘴凑近门缝，声音钻进来："别洗太久，一会儿就出来！""好的。"然后我闭起眼睛，抿紧嘴唇，狠狠拧头发，快速上下使劲搓身体，气鼓鼓的样子就像一个半大不小的孩子——处在那可憎可怜又可笑的青春叛逆期。

10分钟后，我关掉水龙头，她非常自然地进来，将赤裸的我尽收眼底。我大脑里的沟壑一抽一抽跳个不停——我要作何反应才能把自己从这场灾难中解救出来？

她拿起吹风机，热风呼啸在我脸上。"让我自己来吧！"我不停地说，她肯定没听见，又或许将其视为婴儿那种原始哭闹——不存在理由和尊严。否则，为何一点反应都不给我？我一丝不挂,想跑、想喊,实际上却是乖乖就范。

她对眼前这个可怜女人的身材——空瘪耷拉像泄了的气球——发表着评论。我不想听到任何细节。突然,我胸口的什么东西剧烈挣扎扭动了一下,然后,自我裂成了两瓣,她们开始交谈。

一个问道:"在这个陌生人面前赤裸,我感到羞耻,这正常吗?"另一个回答:"产妇的身体不就是个公共空间?我们应该敞开门供人高声讨论、四处走动、到处翻翻,这是最自然合理不过的事情,我们最好迅速适应,否则受苦的是自己。"

"她照顾过许多刚成为母亲的女性,是不是大家都能适应,只有我们不行?"

"反正大家都是这么过来的,我相信我们也可以的!"

于是,她们暂时安静了下来,我也是。

深夜,我像一条筋疲力尽、趴在冰面上深深喘气的海豹——它在冰层下游了整整一天才找到出口。在睡意将我摁倒前,我想再简单梳理下这混乱的一天,找找有什么经验和线索,可以帮我应付明天。

所以又不得不想起,今天傍晚发生的另一件事。

那会儿,我跟她详细讲解了我能想到的、与她工作相关的全部事情——婴儿用品和生活用品的放置处和用法、家中电器的操作方法、晚上就寝的安排……然后,我以久渴之人扑向沙漠中一汪池塘的姿态,倒进床。

刚闭上眼,我就听见她那特有的扎实脚步,踩着嘎吱嘎吱尖叫的木地板靠近我。我愤恨地睁眼一瞧,一个碗、一条毛巾,空气里飘着芝麻油的味道,她狂热地扑向我,要在我身上施展通乳手法。

我本想找个专业通乳师,我有种直觉,她那三脚猫功夫肯定无济于事,否则,她早靠这手艺吃饭了,何必辛苦给人家带孩子?但想到女儿生命初期急需我的抗体和营养,又看她像一位可靠的老伙伴,满脸写着"你可以相信我",面试时击中我的那种魔法又奏效了。

我鬼使神差地同意了,试试,万一有用呢?

她将我裹住,每一寸被角都掖得密不透风,也不放过脖子和肩膀,用衣服围起来,全身只露出乳房。汗腺马上开工,身体立刻变得黏腻。那敏感的部位暴露在空气中,瑟瑟发抖,脆弱忐忑,像是一个老实人,即将接受赤脚医生的手术。

我说口渴,她马上去倒一杯水,我感激地一尝,好家伙,和开水一样烫!"阿姨我喝常温水就可以。"她又开始摇摇头,微笑着,郑重地向我描述与寒气、腹痛、病根相关的可怕后果,我绝望地躺下,不想再多言语:"来吧!"

她开始捏我,并没有我期待中的春风化雨。我的乳房和她的手,就像把两个人的各一只脚绑在一起玩"三足奔跑",充满了不协调和互相较劲,她的手用一下力,我就疼得咬一下牙。

她喃喃自语,不时皱眉,俨然一副外科专家处理高难度手术的神态，但我知道，她是不得要领。突然，这位专家停下手中的动作，掏出手机，对着床上赤裸的病人，咔嚓拍了一张照。

我完全没料到这个环节，复杂的情绪来不及酝酿，只剩本能地惊诧："拍照干吗？""你这种情况不多见，我要问问我老师。""谁？""哦，我有个专业的通乳群，里面有通乳师。"

我觉得自己这一天像走进了卡夫卡的小说，不断有离奇讽刺的荒诞情节发生，又像一本意识流文学小说，充斥着大段大段、纠结混乱的心理活动独白。"拍脸了吗？应该不至于吧，她不会做这种事吧？我应该要她手机看看吗？可是看了，万一她心里生气，认为我不信任她，怀恨在心怎么办？我女儿还要她照顾一个月，我还是和她处好关系比较好吧？我该怎么办呢？"我终是没再开口。

"明天我们再来。"她笑着说，然后端起碗走了。这一幕在我看来，就是一个哑巴病人，一个实习扎针护士，她在我胳膊上练习够了，心满意足地离开了。

我承认，与她这种行事作风的人打交道，我缺乏经验和能力。赤裸与她相对的我，不似往常、并不完整。衣服的意义，也许就是为了让文明人类合作交流时，不要把注意力过多放在自己或对方的肉体上。当我一丝不挂呈现在她面前时，对身体本能的羞耻感和遮挡欲让我分心动摇、局促难安。

我发觉，当一个人的身体总被审视的目光强烈照射时，灵魂就像从枝叶阴影后惊起的鸟儿，失去藏身观察、思考揣摩、蓄积智慧及能量的栖驻之所，从而变得迟钝且虚弱。

想到这里，倦意拖拽着我的脚，淹入我的思维，我无力抵抗，沉沉坠入睡眠。

清晨，我被炮火震醒。

我妈宋女士走进我房间，回头关上门，我看清她脸的同时，被那怒气震得心中一颤。我了然，第二战来了。

"你知道她昨晚拍娃用多大力吗？"宋女士在自己胳膊上示范，发出皮肉震荡的声音。

"娃才出生几天啊！身体那么弱！就用这么大力拍！我跟她说别拍那么用力，她不听，也不说话，当着我的面就继续这么拍！"她越说越激动，整张脸看起来像攥紧的拳头。

"还有，她居然把娃的衣服和她的衣服放一起洗！就在卫生间水池里，连盆都不用！我亲眼看见的！"一时间，我不知应该先心疼女儿，还是先气阿姨，还是先安抚宋女士。

我想起，半夜隐约听见宋女士的声音，用力压低着，像大提琴在演奏急速的曲目，焦急地诉说着什么，偶尔有一两句没控制住而破声，尖亮似一把插入寂静深夜的刀。我迷糊中睡过去，一会儿又听到一串扎实的脚步声嘎吱嘎吱踩着木地板，另一种脚步声紧随其后，两个人的脚步穿插着来来回回不知多久，然后是一阵水龙头放水的哗哗声……原来这些碎片串起来，是发生在昨夜的一场激烈交锋。

阿姨对稳固"政权"如饥似渴，但我妈宋女士是她的天敌。

宋女士从前常常一边扶着眼镜看手机上的社会新闻，一边长吁短叹。极端事件中表现的人性之恶让她战栗，她不信任商业社会逻辑，她对花钱买服务不屑一顾，她只信任家庭、亲情，不信任陌生人和金钱。

有了外孙女以后，她看过的恶性社会事件和听说过的故事——例如保姆摔婴儿、给孩子下安眠药、偷钱放火，在她脑海中自动编排成了一部惊悚片，并且她自己走了进去变成受害角色。

她高度警觉，时刻紧绷，她要与阿姨睡在一张床上，监督这个不明来路的人。晚上只要阿姨起来，宋女士也不敢睡，她眯起眼睛假寐，实则盯着阿姨对孩子的一举一动。她为此无法安眠，眼下乌青，但若不如此，她又会被无数种想象折磨到连一分钟都睡不着。

我们家似乎随着婴儿的诞生，演化出了丛林生态。

一头母虎四处巡视阵阵吼叫宣示存在感，一双紧张的眼睛时刻转动盯在母虎身上，那是一只夜不能寐的鹰，疲惫慌乱的鹿蹲在树丛后瑟瑟发抖，希望虎和鹰不曾注意它，一只懵懂的猴时常来林子里逛逛，听见响动便吓得蹦远，鹿很羡慕它有可逃的去处。还有一种神秘生物，它体型虽小，却精力充沛，不分昼夜地为众生物渲染紧张气氛，它一亮嗓，整个丛林都会随之颤动。

此时我无比羡慕丈夫小王，自从当上父母后，我们的生活轨迹便不同了。我的职权范围似乎扩展了，渗透到了家庭的各个角落,涉及了每个家庭永久成员和临时成员,但同时,我与外界又疏离了。我似乎回到了几百万年前,抱着孩子,和一群女人、老人待在洞穴里,等待丈夫从外面的世界冒险回来。

我认识到,比起一个男人成为父亲,一个女人成为母亲的含义更深邃。

无论她的身体还是精神,都会被更剧烈的变化突袭,同时被要求做出更多的牺牲和奉献,她必须迅速适应和接纳新阶段,即使缺乏心理指引与同伴,也必须在成为母亲的那一刻,将自己改造成千人一面的母亲角色,神圣、高洁、无私(身体非私有,时间非私有)。"做好一个母亲",这几个大字几乎要铿锵有力地烫印在我的人生封面。

这间屋子里,仿佛随时都会有人失控,如刹车失灵呼啸而来的火车一般,婴儿对于他们的意义令他们或兴奋、或抓狂。我能觉察到,哪怕在平静的时刻,家里也有很多信息和欲求在暗暗流动酝酿,如同人耳听不到的声音,人眼不可见的波长,需要我去解码、去处理、去平衡。

与这项秘密陌生且令人厌烦的任务相比,能去一个逻辑清晰又气息熟悉的地方上班,简直就是度假。

我信任宋女士,但要我立刻兴师动众地去问罪阿姨,又存在疑虑。阿姨在朋友的朋友家工作过,那男主人还为她倾情抒写了千字表扬信,贴在朋友圈。他拿阿姨跟自己的同事——一群"985""211"毕业的程序员——从专业、负责、情商各维度做了比较，结论是阿姨完胜。

当时我读下来，感到那不是一封推荐信或表扬信，而是新手父母写给拯救自己的女神的一封情书。那些文字有细节、有情感，诱惑并且深深打动了我的心。虽然见到真人的第一天我感到她控制欲稍强，但我从没有质疑她带孩子的专业能力。

我一直觉得，如果要和陌生人合作，不能先入为主将对方想象成对立方或敌人，最好将其当成一个既不好也不坏的人看待。人类对敌意和不信任的觉察，要比我们想象中更灵敏，合作之初一旦受这些信息引导渲染，合作过程将变得艰难。

白天，我仔细观察阿姨给女儿拍嗝，又自己抱起女儿拍了拍，对比一下声音，发现没什么问题。但我并不知道，夜晚被婴儿哭号强行从梦乡中拽出来的阿姨，对那恼人小家伙下手的力道是否和白天一样。

同时我发现，阿姨的确没有用盆单独洗婴儿衣物，我看到她的卡通图案短袖和女儿的小衣服都湿哒哒地搭在卫生间台面边。我昨天就告诉过她，家中有一个专门给婴儿洗衣物的小洗衣机，脏衣服放那里面就行，攒够了一起洗。于是我又跟她说了一遍，告诉她不必辛苦洗婴儿衣服。

令我不解的是，这是为她减轻工作量，她却觉得自己的专业能力受到了质疑："我以前在别人家都是手洗孩子衣服的。"

并且她知道是宋女士背后检举了她，继续说道："昨天宝贝儿的衣服沾到了大便，我先洗了一遍，孩子姥姥看见了，跟你说了吧？"

紧接着，她用被冤枉的眼神紧盯着我说："宝贝儿的衣服最后我都会用开水烫的！"

她那张脸表达委屈，比表达善良和爱更加得心应手。

我在家中未发现有烧过开水的痕迹，电热水壶常年都是80度，而且容量很小，根本不够烫衣服。但我只得放弃追寻真相，并又一次鬼使神差般地顺从了她要手洗婴儿衣服的坚持。我给了她一个盆，嘱咐用它单独烫洗孩子的衣服，她非常配合，表示绝不会把大人衣服和婴儿衣服混洗。

也就是从这一天开始，我发现阿姨致力于建立一种家庭等级，要想区分这微妙的等级，只需看她对每个人的态度有何不同就行。

她对我，表面尊重，实则我常常感到自己虽被她伺候，却根本没有发号施令的能力。她坚决地拥戴我，给我不可拒绝的建议，她将烫人的热情与处处紧逼的关注，如金银珠玉一般堆在我脚下，掩盖我只是一个傀儡女王的事实。

丈夫理论上与她联系最弱，既不需要她伺候，也不与她争权，她却对他有种怪异的示好。我不知道如何理解这种行为，这是她寄人篱下时的生存技巧，还是出于本能？

她比岳母关心女婿还殷勤，比女主人对待丈夫更温柔。"你下午还要上班，快去休息吧！好好休息一下，睡一下。"我站在她跟前，明显感到她的注意力不在她怀里的孩子，也不在她眼前的女主人身上,她偏着头,眼神追着远处的我的丈夫,连着说了三遍。一种与她看我裸体时迥然不同的侵犯感袭击了我,令我不适,甚至蹿起了些许怒气。

更怪异的是,她称呼与她年龄相仿的宋女士为"阿姨"。这个称呼初听不觉得有问题,细想之下,如果根据她自己的年龄,应该叫"姐",随着孩子叫,则应称呼"姥姥",只有我这个年龄的人,叫宋女士才是"阿姨"。很显然,她既不想显得自己年龄很大,同时不想给予宋女士辈分上的尊重。

她对我则直呼其名,我甚至不知道她从哪知道我的全名。后来我才想起,我家一个笔记本扉页上写着我的签名,她看过了,就记住了。她字正腔圆地喊我全名,每次就像大学时代突击查寝一样,让我不安和烦躁,仿佛什么隐私都难以保有。

宋女士和我之间,偶尔会拌嘴互呛,说话不太客气,这种放肆的基础是稳固的亲情。某次,我和宋女士因哺乳观念不同发生了不愉快,宋女士气鼓鼓地离开房间,我回过头,看了一眼正扶着女儿趴我身上吸奶的阿姨,心中悚然一惊——阿姨正用呼之欲出的得意表情和不带掩饰的轻蔑眼神,看着宋女士离开的背影。

我仿佛目睹了什么糟糕事物,扭过头去,当与她再对上眼神时,她已将肌肉纹理重新调整成那种招牌的温顺表情。

我发觉,她对这个家散发出的每一丝气息都着迷,她像一条兴奋的猎犬翕动鼻子、立起耳朵、搜集行为和语言信号,用自己的理解加工后，为她划分等级、谋求利益所用。

我以为，阿姨的角色是一个服务者，属于家庭编制之外，她既然不拥有一席之位，又何来的地位高低？但很明显，她自己不这么认为。

在生孩子之前，"阿姨"这个形象在我心中面目模糊，罩着一层可以算得上是温暖色彩的光晕。因她是来帮我度过艰难与生涩时期的，在我那幼稚的想象里，她仿佛来自儿童读物，又仿佛来自生产服务的流水线，贴着清晰明了的标签，她应该拥有最为简单的状态，善良、忠诚、能干。我孕期曾为诸事烦忧，阿姨不在其列。

如今她走近我——其实用闯入来形容更贴切，她清晰得令我害怕。

她过分表达了自己作为一个人的那部分七情六欲，而我希望得到的，不过是一场标准的服务，一段不过火的交情，一个专注于工作而不热衷于在别人家庭中寻求关系、争得位置的人。

我对她容忍颇多。她曾坚决地要在我身上施展通乳技法，我的乳房却像一座爆发炎症的火山般滚烫坚硬，不见好转，一碰就钻心疼痛。她折腾两天，突然宣布不再对我的乳房负责。幸好丈夫深夜联系同事，找来了一位专业通乳师，第二天早上9点就赶到我家，很快驯服了那座火山。

通乳师施展技法时，阿姨正在厨房做早饭，她放下自己的工作，赶来观摩学习。她不断地提问题，想要得到免费指导，通乳师似乎见多了这种场面，对她爱答不理。厨房传来宋女士的惊呼声："粥溢了！"她才依依不舍地走开。

没一会儿，她又来了，我和通乳师正聊到孩子的喂养话题，我说："昨天夜里阿姨给刚出生4天的宝宝喂奶粉，一下从50mL加到了60mL。"我内心觉得，这对新生儿樱桃大的胃来说太激进，通乳师看到阿姨进来了，本想说什么却咽了下去。

接下来阿姨的反应像一位真正优秀的演员，令我恨不能起身为她鼓掌。

"对啊，不能加60，太多了，宝贝儿不能一下加那么多！要一点一点加才行！不能加60！嗯！不能加……"她高亢洪亮地发表演说，迫切要与犯错误的那个人划清界限，就像她的灵魂中存在一个邪恶的分身姐妹，昨晚占据了她的肉体，驱使了她的行为。

她如此表现，令刚才窃窃私语的我和通乳师尴尬无言，甚至显得不那么正直。

通乳师临走前，阿姨要加她的微信，但被礼貌拒绝了。通乳师这个行当靠手艺吃饭，每次上门服务一个小时左右，收费400~600元，比带孩子收费高，而且更轻松，阿姨许是动了转行的心思，所以我之前免费做了她的实习对象、试验小白鼠，她现在还想免费学别人的技艺。

"这么大点的宝宝每顿喝60mL太多了，给宝宝一下喝得过饱，月嫂就能睡得更久。"通乳师离开前悄悄告诉我，我看出她对刚才那位"演员"的鄙夷,表情中还零星闪动着一点对我的同情。

我感到通乳师对阿姨的了解远在我之上,她们所代表的两个古老行当,早在千百年前也许就存在,她们共同分享统治着女性生育之初神秘与艰难共存的王国,一代代传承经验与权威至今,她们彼此熟悉,互相忌惮,领土有交叉,又存在竞争。

她对我命运的了解也远多于我自己,但她只能言尽于此,目送我滑入某个不可言说的陷阱。于是通乳师走后,女儿的饭量又像坐过山车一般,从60mL降回了50mL。

和通乳师这次简短邂逅,令我用一种全新视角去看待阿姨。

她曾在我心中享有权威,代表着正确性,凡事我都找自己的原因。"是我不够好,是我有问题,不能适应她。"我对自己这么说过很多次。而现在,一旦用不带倾向的视角看她,瞬间就从那沉浸的错觉中拔出身来,令人清醒的现实兜头兜脑地灌了下来。

我亲眼看见她给女儿换纸尿裤时,没有将前面折下来,纸尿裤贴着肚脐擦来擦去——这本是育儿常识,新生儿脐带未脱落前,若被纸尿裤频繁摩擦容易发炎,所以要将前面折下来避免碰到肚脐。

我叮嘱她下次记得折下来,她说:"嗯嗯,我每次都折的,这是常识嘛,肯定是宝贝儿自己蹭上来了。""刚才我看到了,您没折。""啊?是吗?我没折吗?那可能是着急忘了,放心,我肯定每次都折的。"这次对话后几天,我又发现她没折。

脐带脱落之后,女儿的肚脐迟迟不能愈合,一哭就向外凸起,还有脓水流出。我认为这与阿姨不折纸尿裤存在关系,但她拒不承认,还搜出网络上的一段话念给我听,说是先天发育不良导致的,我也查出一些理论,说可能是护理不当引起的,她对这种理论不以为然且视而不见。

公婆第一次来看孙女时,她抱着孩子坐在沙发上,像这个家真正的主人那样招待他们。

她侃侃而谈带双胞胎的经历,还说是她给我喝了萝卜汤化成奶之后,孩子排气通畅。公婆听得啧啧称奇,她越发得意,滔滔不绝,不给宋女士发言的机会,令其在一旁尴尬沉默。

公婆第二次来时,刚一进门,她就把孩子从宋女士怀中夺过来,作势要狂热地扑上去。我坚决地阻止了她,请她去休息,她才恋恋不舍地进屋。没一会儿,她又出来,说要给我剥荔枝,钻进了厨房。

公婆走后,我在厨房垃圾桶里看到一筐荔枝皮,被压在其他垃圾下面。我打开冰箱,一大袋荔枝全部不见了,而我只吃了不到十个,丈夫说他们也没有吃到。

照顾婴儿可能是这世上最需要用人性最好的一面去呵护、去担当、去忍耐的工作之一,而她却将自身过多的贪欲、惰性、虚伪释放出来,任由这些危险信号将一个刚当上母亲的脆弱女人的内心搅动得无法安宁、疑虑重重。

与此同时，阿姨与宋女士的斗争不可避免地走向正面战场。数次小规模交锋在她们的眼神里、对话中发生，我眼见那呲呲作响的火苗吞噬着蜿蜒的引绳，宿命般地奔向火药库。

于是，在一个全家都醒着的傍晚，终于爆发了冲突。这一刻，就如同拖了很久的审判，拉到极限的弓弦，悬着不掉的靴子，在积攒的势能泄洪的瞬间，我感到一种战栗的痛快。

宋女士暴怒时略显傻气的声音，阿姨尖细富有声调变化的辩解，从卫生间传来。当时丈夫在书房听着，我能想象他对这种女性争吵场面感到陌生而紧张，我正蜷缩在床上，下身流着血，处在哺乳剧痛后的余震中。

略等了2分钟，宋女士卷着一股破釜沉舟的气势走到我跟前，眉头拧得像要挤出水来，她手里提着一件婴儿衣服，在我眼前边抖着它边说："你们的娃你自己管！我不管了！你找的这女人，又把娃的衣服和她的衣服一起洗，她啥时候用开水烫过？我整天盯着就没看见！（然后一段家乡话粗口）你就别管！"

与此同时，我听见阿姨对丈夫说，"我带宝贝儿好多年了，我是专业的，你相信我，我们都对自己有专业要求的，宝贝儿的衣服我肯定是烫的，你跟孩子姥姥说说，让她别那么生气了。"

阿姨的声音镇定柔和，平静亲切，透着令人心生钦佩的自信，我再瞧着宋女士发起怒来无差别攻击的样子，和一头毫无章法只会横冲直撞的公牛别无二致。

我在内心笑了，既带着对我那傻气十足的母亲的同情，又带着谜题解开、悬锤落地的放松释然，同时还有一点凄凉的自嘲。

这次冲突后，我开始计划辞掉阿姨。

由于我身体虚弱，每天大部分时间都在床上躺着，稍微多活动一会儿就眩晕疼痛，像台电路老化、反应滞后的家用电器，部分功能已经失灵。与此同时，哺乳又遭遇许多坎坷，甚至被女儿咬出血来，昼夜不停的疼痛袭击着我，毫无喘息之时，所以每次想张口，都觉缺乏彻底撕破脸的力量，时机不成熟。俗语说，请神容易送神难，用来形容我的处境再合适不过。

我的时日开始变得漫长难捱。

她午睡时如雷的鼾声，说话时塞壬女妖般的声调，叫我名字时咄咄逼人的语气，走路时嘎吱嘎吱尖叫的木地板声，整日永不停息地穿透着我、考验着我。

我似乎因成为母亲而获得了某种原罪，如今正在受它的惩罚。我所受的惩罚不仅限于让一个陌生人闯入家这件事，还有许多与疼痛、失去、责任相关的，这些惩罚占据了我全部的身体和思考。

记得生产后回到家第一天，我就觉得原来那个自己去远游了。在这些天的生活中，我和她之间那点时有时无、游丝一般的联系，也将消逝，她对我而言，基本可以说已经去世了。

阿姨日渐膨胀，越来越失控，她随着丈夫带女儿去了趟医院，便将这视为一种殊荣和可炫耀的资历，回家后，在宋女士面前，她那骄傲的气焰又往上蹿了一截。我仿佛目睹她坐在一列开始加速的火车上,前方已隐约浮现出终站的灯火。

她随丈夫第二次去医院,是给女儿做耳廓矫形,那天,医生顺便查出女儿有几颗湿疹,建议屋内不能太热,要保持在25度左右。

"这女人怕冷,每天晚上一睡下就催我关空调,她把被子提到脖子下面,生怕冻着了自己。"宋女士几天前这样跟我抱怨过。我深夜起来吸奶时,从次卧门口往里瞟了一眼,也曾见过她这种怪异的睡姿——毕竟这是7月的北京,气温30多度。

从医院回家后,丈夫郑重地叮嘱宋女士屋里一定要开空调,不能太热。我意识到,阿姨把湿疹的成因全推给了宋女士。与外孙女短暂离别一个下午后,沉浸在团聚之喜中的宋女士,忙着逗弄孩子,没有意识到自己被"栽赃"。

我心中升起预感,阿姨已经膨胀到了临界点,今晚她必然要再做点什么事,一鼓作气,将自己的克星彻底扳倒。

她曾表达过想在我家继续干三个月的愿望,如果从今以后,没有宋女士的时刻紧盯,也没有人相信宋女士检举她的话,对她来说再理想美好不过。

于是,她稳健自信,笃定地翻开剧本——接下来这场戏对她来说,每个眼神、每句台词都有固定的表演套路,她不知按流程走过多少回,早已过分熟稔。

看见宋女士乐颠颠地抱着孩子走进卫生间,她马上冲过去,尖声叫道:"阿姨你在干吗,不能这样的!医生跟我说了,宝贝儿的耳朵不能沾水的！阿姨，不能这样的！"

宋女士被对手突然的发狂震慑得愣了几秒，然后说："我给孩子洗手，啥时候碰耳朵了？你喊什么！"

"阿姨，不能这样的！不能这样的！"

"你叫谁阿姨呢？今天我跟你说清楚，你别叫我阿姨！"宋女士气冲冲地抱着孩子出来，去喂奶粉——彼时我的乳房因为皲裂破损正在短暂休假。

喂完奶，宋女士站起来，俯身把孩子往床上放，想要换个竖抱姿势再起来拍嗝。她抱孩子已是三十年前的事了，现在面对脆弱易碎的婴儿，上了年纪的她颤颤巍巍，格外紧张，不敢直接在怀中换姿势。

女儿的头还没挨着床，阿姨一个上前，从宋女士手中抢下孩子，迅速抱了起来，像棒球手俯冲侧滑接球一般浮夸，紧接着，那女妖般婉转的尖叫又响了起来："阿姨，不能这样的！"宋女士腾地红了脸，如同做错事的学生，她沉默了几分钟，突然爆发出泄洪般的怒火和委屈。

"你之前一直不让我抱娃，不让我学，我要了多少次你都不给我抱，我上了一辈子班都没被人这么说过！你什么人啊你！你喊什么啊！"

"哎哟，我是太着急宝贝儿了，她刚喝完奶不能躺，阿姨，你误会我了。"

"那你倒是让我抱，让我学啊！我说了，别叫我阿姨！你出去！"

我正在她们旁边整理女儿的小床，说道："阿姨，您去洗奶瓶吧，你们别吵了。"

说这话时，我望向阿姨，惊异地发现，她那招牌的温顺表情不见了。曾像被模具定型焊凝出来的纹路，如今消失无踪，取而代之的是她真正的脸，刻薄紧绷，让人想起年老的鸟类。如此一张脸，配着她钟爱的鲜艳花边衣服，整个人散发出奇特而令人不安的气质。

她并未发怒，声音也极力维持着婉转亲切，但在我看来，那仿佛表示着一股强大的攻击性力量正在她体内横冲直撞，寻找出口。

听到我的话，她接受了，没再回嘴，俯身将女儿递给宋女士——与其说是递，不如说是扔到了与自己吵架的人的怀里，她根本没想接触宋女士，距离接婴儿的怀抱还有好一截距离，她就松了手，让婴儿掉下去。

我登时明白了，我女儿便是她的"出口"。

那一瞬间，我产生了很多冲动，我想扇她，也想扇自己，想抱起女儿揉进身体里再也不让别人触碰，想冲出这间屋子，想怒吼，想哭泣。好在，女儿被宋女士稳稳地接在了怀里，于是我忍住了。

但阿姨成功将宋女士脑中那根绷到极限的弦彻底剪断了，她先是发出了颤抖到扭曲的声音："你干嘛？！"紧接着确认了怀中的婴儿无事之后，爆发出如飓风毁灭地表般的能量，那怒火仿佛是以发怒者本人的生命为燃料，接近歇斯底里。

我的意识不再清晰，有点恍惚，我不再关心她们吵架，我确信自己只有一个念头——让她走，离开我，再也不要出现，永远。

她异乎寻常地平静，任由宋女士的怒火飓风在屋里呼啸。她出去前，在房间门口站定了一小会儿，盯着那个被自己激怒发狂的女人，漠然的神情就像在观赏笼子里的野兽。

她径直去了厨房，丈夫正在那里洗奶瓶。几分钟后，我突然反应过来，匆忙走过去。她正在对丈夫说着什么，隔着厨房门的玻璃，我听不清，她看上去又和平常一样，表情温顺。

她全身的形状和气场，被塑造成了一种柔软的武器——无辜受委屈感，正在向外弥漫，像不断扩大的淤泥沼泽，人们的脚一旦被她拉住，便再也无力挣脱。我几乎又要被她骗了过去，承认刚才的一切都是我的幻觉。

我打开门，她不再说了，停止了弥漫。

丈夫被我叫了出来，我已不记得自己跟丈夫说的那些语句混乱、用词含混不清的话，我不知道自己是否成功传递了信息，搞不明白对方听懂了没有，只记得用全身力气表达着："她不是个好人，我要让她走。"我曾以为自己是个擅于表达的人。

阿姨到底还是太自信了。

我丈夫并不是一个那么容易被感性认知打动的人，他的表情从不可置信，到渐渐攀上怒气，最后变得决然。"那就让她走吧！今晚说还是明早说？明早我上班，要不就今晚跟她说，让她走吧！"我感到胸中拧紧的弹簧松下劲来，表情舒展的一刻，才发觉刚才肌肉有多狰狞。

我曾无数次设想过对她说："请你走吧！"正因为在脑海中试演过很多次，当现实中真实发生时，我已平静无感，并觉得让她离开比想象中容易很多。

我辞退她的理由，是护理不当导致孩子出现湿疹和肚脐流脓，给予她的赔偿是，多一天的工资，给她的离开期限是，明天中午之前。

阿姨在我家的最后一晚，宋女士坚决不与她同睡，打算在沙发上将就一晚，我和丈夫将女儿带到了我们的卧室，让阿姨独自一人在次卧睡个好觉。睡前，阿姨坐在宋女士头顶旁的沙发，询问了丈夫明早上班的时间，并指使宋女士天一亮就去买肉，她要6点起来给丈夫包肉包——确保他能看见。

她磨磨蹭蹭，一会儿要包肉包，一会儿要熬粥，一会儿要洗澡，在宋女士的再三催促下，她才慢慢吞吞地开始收拾行李。她试探了我几次，见我无心留她，便不再来我耳边聒噪。

她离开我家时，我正在睡觉，并不知她何时走的。

醒来时，外面天光渐暗，我感到家里一个人都没有——我指的是拥有主观意识的人。女儿躺在知更鸟蓝色睡床里，睡着了，脱离了那些为她兴奋、抓狂的力场，她看起来既熟悉又陌生。

还没等我学会习惯这种感受，女儿突然睁开眼睛，紧接着扭动起来，发出不加掩饰的哭声。我尝试着将她抱起来，像转移一枚小型炸弹一样，将她挪到尿布台上，为她换上新的纸尿裤——第一遍还穿反了。

手机响了，宋女士说："我刚把她送出小区院子了，顺便买了点菜，这就回来，娃还在睡吗？"

"嗯，醒了，没事。"其实女儿还在哭。

我把她那害怕的小身体紧贴在自己胸前，生命的重量毫无保留地沉进我笨拙的怀抱里，我确信她能感受到我的安慰。

有什么东西正在散去——阿姨的气味、形状、气场。

那片充满着紧张气氛、日夜不得安宁的丛林从地表淡化退去。

动物们正变回人形。

我的身体重新装上了门，灵魂又回到了栖驻之地。

新生星系的秩序正在形成，文明之间暂时熄灭战火。

成为一个生涩的母亲，我确信我今后的每一天都将受点苦头。但我的兜里也将藏满欣喜的小小糖果——那是我女儿塞进去的，也许我会在想哭的时候拿出几粒尝一尝。这是属于成为母亲的女人的特权和秘密。

我这么想着。很快，我女儿不管芸芸众生数不尽的纷纷扰扰，沉入幽静的梦乡。

**描缈说** ▶

本文是我2021年6—7月间的真实经历。9月，在带孩子之余，我花了整个月的缝隙时间，回忆这段经历和感受，用文字还原了我作为一个刚成为母亲的女性遭遇突袭的经过和心理。写完这些文字时，猫顺正好一百天大。

生了孩子之后，我犹如选修了一门艰涩的课程——终生制，没有中途退课的可能性。这门课绕不过去的基础章节，就是邀请陌生人闯入你家帮忙照顾孩子。据我所知，很多女性成为母亲后从职场转战家庭，是迫于这样的原因——没有合适的人照顾孩子。

我写下私人经历，正是想说明这些事情确实存在，这些事情某种程度上胁迫了成为母亲的我们，且为生育之初的女性带来心理突袭。

现代商业社会结构精密，发展迅速到过火的程度，人的各种需求被大量开发、被充分满足。而月嫂/保姆这个领域，依然是由运气、失控、经验主义、信息黑匣子组成的神秘之地，有时充满与这个时代不相协调的怪异感。

伤害孩子的阿姨确是极端个例，但能够提供专业标准服务的阿姨，极其可遇不可求。我并非怀着天真的心情成为母亲，我一早便知，知根知底的远房亲戚、朋友用过推荐的阿姨，大概率更靠谱。然而正如各位所读，我依然可笑地坠入了早早设置好的陷阱。

这一章文字曾在网上发表，许多读者看完后分享自己的经历，就像一个由陌生人组成的小型聚会，大家就"请阿姨"这个话题，彼此交流，促膝长谈。我发现很多人都曾在此事上留下了阴影，再提起时也没有彻底释怀。同时，也有人"身经百战"，锻炼出了一身与阿姨相处的本事，以及一双选阿姨的慧眼。

如今我翻阅当时读者们的讨论，从大家的经验库中，找到了一些有价值的技巧，也许能帮助你识人、用人，在此分享给本书读者。

1. 管理阿姨只能靠你自己，要以老板的身份给她们制定规则，不能一再被突破。

2. 在家庭地位中，老人要排前面，因为阿姨对孩子可以糊弄、假好，对老人的态度才能看出这个人的本心，但凡不尊重老人、钻老人空子的，都可以赶紧让她走人。

3. 不怕找岁数小、没经验的，只要她肯上心把家政育儿当事业干，你自己带出来的人比老油条更靠谱。

4. 周岁内孩子问题就是喂养，阿姨要细心；1岁以上需要体力，带孩子从走到跑；接近2岁，阿姨要能早教，阿姨都说自己会早教，别被蒙了，判断标准就是看看阿姨能不能给孩子读绘本。

5. 一般来说，能带早教的阿姨，也就带孩子到两岁半，孩子再大了阿姨都带不动，这时候就找有幼师经验的，即使岁数小也没关系。

6.千万不要听阿姨讲她只管带娃,带娃以外家务和做饭都不管,让老人和家人们做,月嫂有可能,出了月子没这一说,什么都得兼顾。

最后,希望你有缘找到一个称心的好阿姨,能够享受一场杂质较少、比较标准的服务,顺利渡过成为母亲后,需要帮助和接管的难关。

# 3

养个"高需求"宝宝，真的一点都不难

婴儿是一群具有欺骗性的小家伙。

假如你没有拥有过婴儿,没有亲自花时间和婴儿相处过,这些小家伙对你而言,就是一个虚浮的概念、一张漂亮的画报、一幅圣洁的油画、一种点缀全家福的昂贵装饰品。

不管你是否喜爱婴儿,提到婴儿时,一个光洁的形象投影出来,闪着奶油蛋糕般的笑容。你在无数的广告片、商业海报、影视剧中见过这种形象,他们有种千篇一律的乏味可爱、熟悉无比的单调响声。

你可能听说过婴儿有些恼人,有些难搞。你曾从照顾婴儿的人的口中听说过一些传闻。你在那些人脸上看到疲惫和痛苦,你表示同情并安慰了他们。

但那是发生在地球另一端的飓风。

他们的抱怨和讲述,像电视屏幕里来自远方的新闻报道——那里的房子被摧毁、树被连根拔起、码头被拍碎、洪水在轰鸣。那些正在遭受灾难的人,说着你似懂非懂的语言,人种看起来都和你不一样。

"宝贝、baby",无论在东方还是西方语境里,当念出这些词时,人们会感到有股子甜腻奶香拌在唇齿间。全球的单纯男子，都用称呼婴儿的方式称呼女友，仿佛这是爱情王国的某种风俗——相信他们有了真正的baby之后，会牙齿打颤。

2021年6月，一个幸运的女人——我，拥有了一个闪闪发光、圣诞礼物般的女婴。

她与圣诞礼物的相同之处在于，承载着我将近一年的期盼和无数种幻想。这礼物是个盲盒，我曾在打印出来的B超纸上见过她神秘如月亮一般的身体轮廓，那引起了我更丰富的联想和汹涌的激情。

当她脱离我的身体，清清楚楚地走进我的世界时，我发现她依然是一个盲盒。

在物质需要上，我十分清楚该如何喂养她、护理她，但她的精神世界，却是一团令我困惑并艰难探索的迷雾。譬如，她对睡眠的神秘畏惧和暴力反抗。

我听说有的婴儿是传闻中的"天使宝宝"。

他们较少哭泣，状态稳定，不敏感，很少暴怒，他们表达诉求就像害羞无助的小绵羊，发出"哼哼唧唧"的声音。在睡眠上，这些懂事的小家伙能早早实现独立自主，他们的生物钟精准而仁慈，能赐给父母整夜睡眠。

毋庸置疑，他们的父母收到了理想中最想要的那种圣诞礼物，恨不得满世界奔走宣告："养孩子多么简单容易！再来几个我也不怕！"

我很早就发现，我收到的圣诞礼物不是这一种，甚至截然相反。

有人收到梦幻小马宝莉，就有人收到一匹精神充沛永不疲倦的暴烈战马。此马名唤"高需求宝宝"。

那些收到梦幻圣诞礼物的幸运父母，他们中有的人坚信，孩子之所以呈现出完美无瑕的状态，定是因为父母严格遵守了科学的养育指南。他们和孩子之间，就像提出高明建议的大臣与善于纳言的君主、治水专家与听话的小河、教科书与毫无偏差的现实世界。

在他们眼里，"父母"这个新世界存在绝对因果。

只要你遵循指南，按部就班，做一些精密而神秘的仪式，便能收获福报庇佑。反之，如果你觉得这个新世界不够好，你的孩子不够好，那一定是因为你做得不够好。

我也曾是这狂热阵营中的一员。生孩子前，我渴望打破被婴儿统治的传统。

我不想让那个名为"父母"的新世界，彻底暴露在飓风的肆虐摧毁下，我期待自己被准许拥有一个安全屋。我认为自己武装了足够的知识与决心，也许可以铸就一段母慈女孝、人人称颂的亲子关系。

等我真正做了父母，我明白了做父母是怎么一回事——一开始你渴望权威，后来变得恭顺。

父母与子女之间，并不存在绝对的单向灌输和控制，这是我最近悟出来的。

所谓亲子缘分，是一场披着爱的外衣的双向入侵和驯化。你的孩子，他们是你的骨中之骨、肉中之肉，他们来自你，甚至你觉得他们属于你，但你却不断发现，你根本不懂、不了解、搞不定他们。

此刻，我正在飓风现场，在一张支在齐腰深洪水中摇晃乱颤的书桌前，写下这篇报道。

这几天，我总是谦卑地思考一个问题——我女儿是如何理解睡眠这件事的？我想那肯定与成人对睡眠的理解完全不同。

睡眠对她而言，不是休息的港湾，不是甜美的仙术，不是生命的氧气，而是一片藏有未知危险的黑暗海洋，一个对她虎视眈眈垂涎欲滴的巨魔，一团生命初期的混沌迷雾。

有的婴儿入睡困难，有的婴儿有起床气，而我的女儿猫顺两者皆有。

入睡前，她坚决地认为我要在她睡眠时将她丢弃，她不顾一切地哀鸣，如同要上绞刑架的人。她的眼皮渐渐合上又猛地睁开，强撑到耗尽我和她最后的力量，才会长叹一口气，挂着绝望的泪痕坠入睡眠。

醒来时，她挣扎着逃脱睡魔的控制，希望父母来救她，所以眼睛还没睁开，就紧攥双拳，蜷起两腿，爆发出如被置于无人荒野一般惊惧炸裂的哭号。

据我观察，我女儿每天精神绝对饱满不超过4个小时，在这些宝贵的时刻，她看起来心情不错，会阅览一阵子卡片，和人玩一会儿,会被逗笑,像个闪闪发光的展示品,供人一边欣赏一边啧啧称奇。

剩下的时间,一群绕在头边嗡嗡不停的恼人苍蝇——困倦,让她暴躁不已,化身罗马暴君,挥舞鞭子大声叱责她的奴隶。无论如何,人们都无法取悦她。

她不明白,我也无法告诉她,从困倦中解脱的唯一办法,就是睡觉。

按她的性子,她宁愿彻夜嘶鸣着奔跑,以此来告诉父母,家里若没有草原,就别想养她这匹战马。但在这个不争气的年龄,她每天必须睡十个小时以上,这与她本人的期望严重不符。

而且按她的生物设定,此时她只能躺着任由摆布,能调动的身体机能仅限于胡乱摆手踢腿。所以她把大部分能量集中起来输出,通过肺活量和嗓门证明自己。

我的朋友们来看望我时,对着睡着的她啧啧称叹,就像观赏玻璃展柜里的永恒甜美之物。而在我眼里,婴儿睡着了,那只是这位重量级选手暂时退场休息了,很快她便会满血回归,向你发起新一轮挑战。

这名无所畏惧的年轻选手,一次比一次强壮、蓬勃、好战,而老将如你,虽积累了不少经验,却一次比一次疲惫、虚弱、恐惧。下次上场,也许你能依靠的只有祈祷、求饶、忍耐力、时间、奇怪的手段和直觉。

当她的眼神变得迷离,揉眼睛抓头发,眉心泛红,发出短促的

"吭、吭"声表达不满——这些教科书中所谓的"睡眠信号"时,如果此时家中没有人能帮我,我的心中便会泛起绝望的恐惧。

我怀疑,邻居是否认为我在虐童。不怪他们,有时候我也这样想。

一位骄矜挑剔的真正贵族,诞生在了不能满足她的普通人家。我已尽力招待她,但是一枚隔了二十层羽绒被的豌豆都足以成为虐待她的罪行。

我听说过一个古老神话《竹取公主》。故事中的平凡夫妻在竹林里发现了一名漂亮女婴,欣喜地将她带回家抚养长大。女孩18岁那天晚上,月亮上飘下一群仙人,他们奏着美妙仙乐带着华贵无比的厚礼,来告诉老夫妻,他们的女儿是被贬的月亮仙子。

我幻想每一个"高需求宝宝",在他们真正长大成人的那一天,会有月亮上的使者来酬谢我们这些眼含热泪的老夫妻,并告诉我们:"你们的辛苦是因为抚养的并非凡人,他们才应该被称为'天使宝宝'。"

哄睡这样一位仙宫里来的宝宝,你必须掌握一门高明的骗术。

直到最后一步成功之前,你得向她不断强调:"不不不,我绝不是让你睡觉的意思。"你得摸清楚她的喜好、脾气、兴致,才能绕过暗礁与风暴,就像准备出海的渔夫预测天气那样,抱有虔诚和敬畏之心。

我女儿要求苛刻，只认可某款特定的安抚奶嘴，其他的不但无法安抚她，还会让她更暴怒。她需要来点响动，一开始是白噪音，后来是抽油烟机，但拒绝听到人讲话的声音，那会瞬间让她清醒。

光线也必须合她心意，太亮或太暗都不对，你得把灯光氛围调得像个昏暗暧昧的酒吧，她才能酝酿出睡意。她拒绝平躺，无论在床里还是怀里，拒绝一切暗示要哄睡她的动作和信号。

一旦她察觉你背叛了她，和睡魔是一伙儿的，她的整个世界便会崩塌，发出震耳欲聋的轰鸣，让你所做的一切瞬间付诸东流。

你不能露一点破绽，才有概率让她滑入你布好的局。

没有孩子时，婴儿的哭声给我单调的烦躁感受，成为母亲后，我对这种哭声充满敬意。

它让我感到羞耻、无能、惊惧、痛苦。听到这种哭声的人，肯定会认为我是个恶毒的母亲。当她在别人怀里发出同样的响声时，我也必须极力忍耐想不顾一切地前去救她的冲动。

每一天，这种绝望的哭声都像洪水一般冲刷家里数次，涨了退，退了涨。

我曾在日本文学家井上靖的著作《楼兰》中，读到一段人与洪水的交战，其魔幻的情节竟与我当下的生活有些相似。

为抗击匈奴，东汉将军索励率军出玉门关，行至库姆河时遭遇暴雨涨潮，洪水卷着狂涛奔腾，似妖魔厉鬼无数。大军困于河畔，眼见将要耽误最佳战机，将军索励，这位金刚般的人物，他决意与洪水一战，于是弓箭手万箭齐发地射向河流中央，但只一刹那工夫便被黄土的洪流所吞没。

接着，徒步的士兵们叫声震天地杀向河岸，在隆隆的战鼓中，士兵们冲进泛滥的河水里，于没膝的水中挥砍着刀枪。他们且斩且刺着滚滚浊流，四处都是飞溅的水花，而在这场天人交战当中，若干士兵被洪流冲走，失去了踪影。

在傍晚之前，战斗一再地重复着，奔腾的黄浊狂流，犹如巨大妖怪。

这妖怪正在疯狂地压迫、排山倒海地进袭而来。士兵们对着狂流射箭、投石，刀枪也在浊流中挥舞。敌人也不甘示弱，每一回合战下来，总要吞噬掉好几名士兵。

继续夜战。四千大军于是在苍茫的月光照射之下的沙漠里，一字排开地编成三个横队，军鼓一擂，第一队的士兵们便呐喊着冲向河流，等到第一波次的士卒退下来，第二队立时蜂拥着递补上去。

然而，水势依然没有减弱，兀自在月光下展现着黑黝黝的漩涡、奔腾、肆虐。

我和索励都在与"魔法"作战——这是天意，是命运，是凡人无法理解的、宛若神明的巨大之力。

每当婴儿伏在我肩上，洪亮如钟的哭声开始猛烈重击我的耳膜，她的巨响就化为库姆河的轰隆怒涛。

这是一场天人之战，婴儿被原始本能驱使，气势如虹，我使尽浑身解数，然而所有伎俩刹那间就被吞没。

我只感到她越来越重，被无数根引线拉着往下拖扯，地球的重力在随时间变大。我的脊柱变成一条被压缩的弹簧，骨节之间艰涩地摩擦，挤出酸液，腐蚀我的腰部、手腕和胳膊。

最后一只安抚奶嘴被婴儿吐到了地上——她没有那个绝不会入睡，我需要捡起来消毒，却无法将怀中持续发出巨响的婴儿放在任何地方，否则她会哭得更加撕心裂肺。"哐"的一声，我听到邻居愤恨地重重关上窗户，仿佛在警告我这个没有能耐和公德心的女人。

15分钟、30分钟、40分钟过去了，她毫不示弱，我抱着巨响的重物在屋里转来转去，如同挂着一个十几斤重的实木音响，放着令人癫狂的金属摇滚。

我将她放在膝头，试图让她坐上婴儿背带，她猛烈地挣扎，娇小身体爆发出骇人力量，几脚凶狠地踢在她曾经的家，我子宫的位置，痛得人眼冒金星。"核心收紧，不要向前顶胯"——这些教科书上提醒的正确抱姿，我早已顾不得了。身体像一个"<"符号向前折，依靠骨盆顶着她的重量，酸液在全身每一块肌肉中沸腾。

战斗一天之中要发生5—6次，当发生在深夜时，尤为迷幻。

从我女儿出生那天起，夜晚就被切割成了数个小块，变得支离破碎，此地立着"不再适宜人类"的告知牌。夜晚曾经是个惬意慷慨的补给站，人们在这里待过，白天才能行走呼吸。

照顾婴儿的人，他们的夜晚就像一个怪异无比的迪厅，这里闪烁着头痛欲裂的灯光，声波在空气里狂奔，你独自一人在舞池中不停摇晃。

你被连绵不绝地袭击、剥夺睡眠——听说有种酷刑便是如此。你既疼痛又麻木，有些滞重和僵硬，似乎破了，在流血，像一双在恨天高里装久了的脚。

夜晚是你的劲敌，又与你有着暧昧关系。

你从未认真想过，有一天会和夜晚结合得如此紧密，你以一种旁人不曾得到过的视角审视它，看到其令人癫狂的本质。你咒骂这段关系，却根本无力结束，你知道还得走好几个月甚至一年的路。

凌晨2点、3点、4点，婴儿可能在任何时候骚动起来，她是你必须响应并立即行动起来的烽火，每晚都要点燃四五次。

你觉得自己被流放至边境的荒僻岗哨，这里直面塞外的黑暗和未知。你点亮灯，小心翼翼地对待来犯的婴儿，因缺乏睡眠而迟钝的大脑，精心计算着每个步骤，你要确保万无一失，不能惹怒她，或给她可乘之机。

家中其他人都睡了，邻居也是，你觉得自己有责任不让婴儿吵醒正常人类。你是他们的守夜人，是传奇中吟诵的勇士，是一段寒风中屹立的长城，你枕戈待旦，睡觉时也守卫着岗位。

婴儿被你挡在墙外，她渴望寻找你的突破口，趁你稍有懈怠时发起挑战。

她认可你的身份和角色，所以毫不保留地攻击你，你们是宿命的一对儿。当你与她神采奕奕、毫不退缩的眼睛对视时倦意正在一点点淹没你的思维，你感到你的对手变得更强大、更难缠，而你也更绝望。

随着夜间战斗的频繁和持久，日升和日落失去了明显界限，几乎没有区别。昼与夜像晕染在一起的两块颜料，它们所组成的天空是你表演战斗的幕布，除此之外毫无含义。

一开始，你会发现时间变得妖娆迷幻，有时飞快，像小蛇一样滑走；有时黏稠，像驶不出旋涡的船只；有时尖锐，深深刻在你的心灵上，数年之后你都不会忘记那些时刻。

后来你习惯了时间这样流逝，抱着婴儿走来走去、向她求饶、听她连续不断地轰鸣、喂她、处理排泄物。一天天过去，就像时间从未动过，也像已经沧海桑田。

每一次，当女儿终于被睡魔抓走，冲刷着我的洪水瞬间消失不见时，那一刻，我就觉得眼前浮现了一条路。

它通往藏宝的岛屿——那里有我以往的生活：可贵的自由、娱乐、消遣、空闲。当女儿醒着的时候，我永远只能隔着隆隆洪水和漫天雾气遥望那座岛。

我泛起禁忌般的兴奋与紧张——"我得做点什么。"然而女儿这名警惕性十足的狱卒，立刻察觉了我的逃离计划，她拉响警报又轰鸣起来……

她再次被我哄睡，我俯身将她小心翼翼地放入床中，就像处理一枚小型炸弹。听到她发出匀称而细小的呼声，我要分步骤完成任务，先是胸脯微微离开她，接着按次序抽离胳膊，然后用手将头扶一会儿，另一只手轻轻拥抱她，保持几分钟，让她知道我还在，最后轻轻将头放下，悄悄离开她。

饶是如此，稍有不慎，炸弹就会引爆。

她怒目圆睁，黑溜溜的眼睛盯着我，告诉我前功尽弃、计划泡汤。如此重复三四回之后，她终于对睡前仪式感到满意，牵强地饶过我，沉入最深的睡眠。我瘫倒在洪水来去冲刷无数遍的河床上，失去了对一切行动的渴望。

我望向那座藏着自由财富的岛，发现它其实是我永远抵达不了的海市蜃楼。

假如你连续不断地独自照顾婴儿，就会发现自己像是从人类世界中割裂出来的独立种群那样，渐渐发生了变化——作息与整个世界对不上、精神疲惫、记忆经常断片、说话磕磕绊绊、头痛、想哭、心情单调乏味、低落、委屈、紧张、焦躁。

你极力看守着关押情绪的大门，那些失控怪兽在里面不停息地"砰砰"撞击着门，你感到自己一直处在临界状态。

让一个人突然失去自由，在陌生地方离群索居——惊悚片、恐怖片常常使用这种氛围和环境。比如让囊中羞涩的主角接受一份旅店冬季看门工作，漫长的三个月里大雪封山、与世隔绝、通信切断，所以他们花重金诱惑人来看守那座荒僻诡异的华丽城堡。

很少有人真正讨论并关心你的处境。

人们为婴儿庆祝满月、百天、周岁，为生命跨过一个又一个里程碑欢呼祝酒，却很少有人知道，那对你来说，同样有着巨大的默示含义，你也经历了一段又一段的演化、一层又一层的蜕变。

当看到《楼兰》中的将军索励最终战胜神秘洪水时，我不自觉地松了一口气，仿佛那胜利也投射着我的命运。

索励大张着双眼，简直不敢相信自己的眼睛，原来刚才还汪洋一片的河道，不觉间已经减退了一半的水量，四周掀起了与库姆河交战胜利的欢呼，一波又一波，震耳欲聋。

索励一举粉碎了匈奴的豪勇，已传遍整个西域，甚至连库姆河的洪流都不得不被他的武威所屈服的传闻，更是使散布在塔克拉玛干沙漠四周的三十余国胡族闻之胆寒。

紧接着我读到，两年之后，索励班师回朝，命运卷土重来，他再次在库姆河遭遇洪水。大伙儿一致的意见是：曾经制服库姆河而扬名天下的部队，焉能因为同一条河的河水上涨而畏缩撤退？

索励很是冷静，他决意对洪水发动突击。

战鼓擂起，掀起一片呐喊声。骆驼、马儿和士兵一起狂奔，人马与浊流一点一点地缩短了彼此之间的距离。当两者的前端刚在一座沙丘脚下接触时,部队人马便倏地从索励的视野里消失不见。

与此同时,索励冲着剩下的部队下令突击,他一马当先地挥舞着长枪冲向河流。

数不尽的厉鬼于猖狂乱舞中眼看着逼近过来。索励右手紧握长枪,高高地抡起在头顶上,连人带马撞向一丈多高的浊水之墙上。从索励的影子消失不见,到紧随他背后的人畜隐没水中,终至一个也不见,这中间并没有花费多少时间。

我认为索励犯下的致命错误,就是在命运面前,没有保持凡人的谦卑。

我早就发现了一条规律,但凡某天发生了奇迹,女儿轻而易举就放弃抵抗进入睡眠,就如索励神奇地战胜了洪水,有人松了一口大气似地说:"猫顺今天脾气真好,说不定以后我们就能解脱了,太好了。"

这话就如同一句魔咒,一句渎神的大不敬之言,一旦说出来,女儿必会用一场较之前更为猛烈的暴风雨来惩罚凡人的妄自揣度。

我在我女儿身上见识到了人类最原始的自信。"高需求宝宝"似乎就是祖先登上地球主宰王座的证明。

这种基因一代代传承至今,就是为了提醒现代人类,老祖先身为百兽之王、万物之灵,那浴血奋战得来的丰功伟绩和气吞山河的骄傲——"看啊,就算我的后代再怎么轰鸣,也不会有动物来吃了他们呢。"

我甚至能从女儿的轰鸣中听见祖先们的吟唱——"来吧宝宝,再叫得响点儿,亮点儿!给他们好好瞧瞧咱们的能耐!"

据我所知,"高需求宝宝"的诞生完全是没有缘由的、不讲道理的。

很可能你和你的伴侣小时候都是天使宝宝,很可能你们的家族往上追溯三代都没有出过这样的,很可能你还有其他孩子,跟这个宝宝性格完全迥异。

总之,"高需求宝宝"是老祖先送给我们的彩蛋,我们只能祝贺自己——哇!抽中了。

更可恶的是,她只要用那毛茸茸的头——像春天里的小熊一样,蹭一蹭你,你就会轻而易举地原谅她,并发誓要和她永远厮守。

我家养的宠物猫曾骑在我们头上作威作福长达九年。它眼神桀骜,肌健体壮,奔跑起来虎虎生风,它把谁都不放在眼里,还时不时故意向我们发起挑衅,以宣示自己从未被驯服,和我们的关系仅仅是"同居"在一起。

直到突然有一天,它的世界里出现了婴儿。

它似乎终于领悟到了人类作为万物之王的尊严和权威,也认识到了它自己的真实角色其实是"万物"中的一"物"。它始终对婴儿保持着敬而远之的安全距离,只敢在她睡着的时候悄悄凑近,伸长脖子,哆哆嗦嗦地看一眼王的容颜。

某天我抱着女儿哄睡，进展似乎很乐观，猫揣摩了一下情况，觉得王的状态此刻闪着安全绿灯，它饥肠辘辘，决定趁现在去要点吃的。

它在我小腿边蹭来蹭去发出谄媚娇嗲的声音，突然，不知道为什么，我女儿发出一声响亮的"嗷"。猫悚然一惊，迅速启动逃命程序，拔腿就飞奔起来，一溜烟钻进了卧室床底，消失不见，半天没再露面。

我想它在那黑黝黝的床底下，会怀着一种被支配的恐惧心情，深刻地又一次重新思考审视自己的猫生。

我无比确信，我的女儿不会有童年阴影，而哄睡她的人和我家猫，绝对会留下成年阴影。

井上靖在《楼兰》中为索励将军与洪水的作战最后写道——化成了一片汪洋泥海的沙漠之上，垂挂着混浊而脏污的天空，一轮血红的太阳，宛如日蚀时那样，以一种异样的宁静，高挂在其中的一角。洪水仍在疯狂地咆哮着，没有片刻的休息，它还要继续吞噬尚未吞完的许多东西。

**描绷说** ▶

只要你认真养育过一个孩子，总会在某个时刻对命运产生谦卑。

现在是2023年7月，与写作上文时隔两年，报道一下这位仙宫来的宝宝的最新情况。

我们一家凡人，在与仙宫宝宝两年时间的相处中，已磨炼出了超凡的意志力与战斗力。如今我们训练有素，对仙宫体质的宝宝已具备初步抵抗之力。号角一响——睡眠信号出现，我们便会有条不紊地派出我方战斗人员并部署战略武器，多年鏖战令我方取得喜人战果，仙宫宝宝已接受平躺哄睡，曾经的战友——白噪音和抽油烟机，已完成使命光荣退役，同时我方新引进了升级版战略武器——秋千，该武器具有迷惑仙宫宝宝的作用，在哄睡战斗中表现优异。夜半，我方战斗人员仍枕戈待旦，像龙床前守夜的宫女太监，一旦出现窸窸窣窣的响动，或者一声带哭腔的喊叫，我方战斗人员在须臾间，便会像一颗等待已久的炮弹般弹射出膛，"嗖"冲入黑黢黢的夜幕中，解救仙宫宝宝，为她驱散不安、消弭恐惧。

如今，我们已较少抱怨，不再诘问命运。坚韧不拔与谦卑忠诚，同时存在于我们的血液中，严酷的考验与如饴的付出，同时浇灌着我们的钢铁之躯。我们既是迎霜傲雪的苍松，也是俯瞰放哨的苍鹰，我们是黑暗中的利剑，长城上的守卫，是抵御祖先法术的现代勇者，是黄昏时分出发的行者，是峥嵘岁月里的歌者，是认清了生活的真相却依然不退缩的英雄。

我们将自由与荣耀献给她，我们燃烧自己的生命，抚育新生命，今朝如此，朝朝皆然。

# 4

如果回到生孩子前，多希望这些事能有人告诉我自从我生完孩子，我那些未生育的女朋友最爱问我的一句话就是——"生孩子疼吗？"

她们指的"生"和"疼"并不是一个瞬间，她们真正渴望的，是我把整个孕期尤其是生产的故事和盘托出。就像我刚刚坐了一趟刺激无比的过山车，从出口出来，看到我的女伴们正排在入口队列中。

那一队女人的面庞上统统笼罩着被命运抓牢、押送的神色。

她们迫切地打量我，目光中透露出无数追问。她们内心矛盾，既渴望知道全部答案，又想永远不要知道。她们好奇、紧张、无助，即使她们中最坚强独立的人，也心有戚戚。

她们知道马上就轮到自己上去了，无可避免，她们中有的人异常兴奋，想要体验所有不加掩饰和保护的原始细节，有的人则希望被打晕后再送上去，这样一来，眼睛一闭一睁，就下来了。

当没有生育过的人来探视一个产妇和她复制出来的小家伙，还有她的生活时，这个生了孩子的女人差不多就是用来展览的。

在人们眼前，在透明的罩子里，她奔来奔去忙东忙西，做着很有必要又奇怪的事情，自成一个系统。人们排着队观摩，或漠然或激动地一个个从她跟前路过，视她为某种实验，或一种警示。

　　与来探视我的女人们形成鲜明对比的是，陪她们而来的丈夫/男友，他们所求不多，只想得到一个答案——如果有了孩子，他自己还有好日子过吗？

　　这些男人站在女人身旁，目光闪烁，有些麻木和抗拒，就像被传唤到医院的事故责任方——来听病情阐述、付款结账的。

　　他们散发出的肢体语言像随时准备逃跑，女人和孩子在他们眼里天然属于同一个世界，他们对自己出现在生育气味如此浓重的此地，觉得实在有些尴尬，不合适。

　　这不怪他们，只要你生过一个孩子，便会明白，生育的确是一个孤独的过程。

　　伴侣、医生、家人、朋友……无论你身边簇拥着谁，你都要靠自己，只能靠自己——你在天上尖叫着被过山车疯狂地甩来甩去时，他们也许只是系在你身上的那根安全带，或者是站在底下喝着可乐等你的人。

　　生孩子就好像乐园里某个曾经很热门的传说级挑战项目，近些年却人气稍减。乐园的游客手册上只写着："该项目耗时长达九个月，最后一段会非常刺激，如您患有心脏病、高血压等疾病请务必谨慎乘坐。"

　　如果你怀着勇气排到了队列里，会发现这个项目的出口队列和入口队列形成鲜明对比。

　　出来的那组人如获神秘力量，她们就像变了个人似的，神情讳莫如深,你无法具体得知,她们到底是去了一趟天堂还是地狱,或者像正弦波那样在两者之间震荡了数个来回。

准备进去的那组人,她们则像等待被加工的原材料,无辜地颤动着,手里拿着那张薄薄的游客手册,似乎知晓了一切,又好像一无所知。

我怀孕后,我的一个女朋友郑重地给我送来一本书——专门讲解怀孕生产的,有A4纸那么大,厚重精美得像一本用来装点书架的辞典,永远不会有人读完的那种。

我如饥似渴地在十几天内翻完了它,获得了一些警告和知识,最后遗憾地发现,它和一张薄薄的游客手册其实没有区别。

那正好是一年前的此时,我得知自己就要成为母亲了,我渴求得到一些指引,例如前人记录的过程,我希望她们的故事可以陪伴我。我也希望有人跟我讲讲那些隐秘的感受,让我知道不是只有我饱尝了这一切,甚至被这些感受淹没。

我买了一些书,看来看去,最后很失望——人类著书浩如星海,却很难找到一本专门讲女性生育是什么感受的书。

每个人的诞生都会征用女人的身体长达九个月,每分每秒都有女人在孕育、生产,这似乎是一件再寻常不过的事。但它又确实很艰辛,因为痛苦和幸福的体验都趋于极端,饱尝这一切很艰辛,艰辛到我在那九个月里不断感到震惊。

一年前我决定,等我体验完这趟旅程时,我会真诚地记录整个故事和每个感受。一年后,此刻,我的女儿已经6个月大了,是时候好好谈谈了，再晚一点，这些记忆恐怕就会被永远锁起来，扔进脑海里某个永无天日的地方去了。

不得不承认的一个现实是，每个女人成为母亲都比男人成为父亲早九个月。我的世界从一年前就发生剧变，我仿佛重生了，而我女儿的父亲，他至今仍在小心翼翼地探索并寻找成为父亲的感觉。

"父"和"母"这两个角色在接受讴歌和批判时，往往一起登场——"父母最伟大""父母皆祸害"，"为母则刚"对应着"父爱如山"。我们的文化中，主张父母对孩子的爱，应是等量并相似的，尽管质地有所不同。

但事实是，从我得知自己怀孕的那一刻起，我便感到自己轻轻地爆炸了一下，然后一个新兴宇宙诞生了，随之而来的星光和暗物质，都令我目眩神迷、应接不暇，足以颠覆很多我的既往规律和认知。

而我丈夫的爆炸则在孩子出生以后——"这孩子怎么这么难养？！"

孕期持续四十周、二百八十天，这是我成为母亲的第一章，最开始的序曲，却也是我和女儿这一生结合最亲密、最深刻的时期。我从她还是一个细胞时就开始爱她，并给予她所求，她让我重新体会了爱，爱的宇宙为她升维，彻底破格再生。

一旦她与我的身体分离，就注定了，她将会势不可当地破土而出，越来越独立，越来越复杂精密，离我越来越远。直到有一天，我再也无法解读她、懂她，甚至再也无法给予她什么东西。

从这个角度看，孕期是我拥有女儿最完整、最彻底的一段时期。

那时她只有我，她的整个世界都是我。我对她的感情也最纯粹，不包含失望、伤心、嫉妒、厌倦——未来会有无数时刻，她将令我一一品尝这一切。

人一旦爱上什么，就会担心失去。女人怀孕的过程被科学划分为孕早期、中期、晚期，如果按照她们本人的体会来划分，我觉得第一章，是每天都在担忧失去——尽管那时候我还丝毫感觉不到女儿的存在。

我丈夫曾跟我讲过，他的好几个女同事，第一个孩子都没留住。

这些小生命不知道为什么，就突然决定不来这人世间了，他们悄悄地溜走，像羽毛、像幽灵那么轻，你还来不及好好爱他们，就不得不跟他们道别。

在医学界，有个名词形容这种孕早期的流产，叫作"胎停"。他们已经由受精卵长成妊娠囊，又长成胎芽，有几毫米那么长，像个半透明的、蜷缩的小虾一样。

但他们的心脏永远不会搏动起来，就像死去的星球那样，永恒地定格在那一刻，沉寂地飘浮在子宫宇宙中。

2020年10月一个天色阴沉的深秋下午，那是我得知自己怀孕刚好两周的时候，是个周末，我和同事在一家商场的茶馆谈工作。除了不能喝茶，要了一杯白水之外，我感觉自己和没怀孕时没什么两样。

我在商场待了2个多小时，兴致高昂地与人谈着话。那感觉是什么时候袭击我的，我已记不清了，只知道我像失水的鲜花，渐渐枯萎了下去，身体运转和思维活动能力正在离我而去，速度之快，令我感到不可思议。

我从没有过这种体验，仿佛我的身体正在极力挽留什么，把一切热量和保护手段都倾倒了过去。

那时我面前没有镜子，如果我能看到自己的面容，那肯定与我中午出门时完全不同了，我的面色看上去一定灰扑扑，眼神不再光亮，那是一种妆容无法掩饰的疲累和衰败。

我发现我听不懂别人在说什么，也无法做出用于社交的表情，我又听了几分钟，头昏脑涨得厉害，于是很突然地说了一句："抱歉，我怀孕了，感觉不太舒服，我得走了。"在座的两个人表情惊异，可能是惊讶于我突然提到自己怀孕了，或是担心我的不舒服。

我匆匆起身，其中一位同事主动开车送我回家，回去的路上，他很应景地跟我讲了他认识的几个女性朋友的经历。

她们刚得知怀孕时兴高采烈地公布了消息，后来突然就胎停了，监测不出胎心。至于原因，有着五花八门的猜测，总之，后来她们再怀孕，就没一开始就告诉别人，一直等到过了三个月，确信这次不会莫名其妙失去孩子了，才告诉大家。

我用手机搜索了一下"胎停""胎停是什么造成的""胎停是什么感觉"，于是好多女性写在互联网上的，像被放在树洞里的留言，一下子向我涌来。

她们有的之前已经胎停了好几次，这次又感觉不太妙，有的到了应该检测到胎心的周数还没有测到胎心，有的想不通自己到底做错了什么导致胎停。这些女人独自和命运作抗争，哆哆嗦嗦地等待着一个奇迹或者死讯。

我以前根本不懂这些，影视剧里那些女人得知自己怀孕以后欢天喜地，镜头一晃已经红光满面地抱着孩子。真实的怀孕是，很多女性从一开始就担忧失去，在祈祷、等待、不断地猜测和自责里，度日如年。

我知道，怀孕生孩子是个科学过程，但一开始，我便感受到了许多神秘力量的影响。那个下午，在同事的车里，我不禁开始后悔，我为什么一怀孕就把消息散布出去。

这似乎是为人母的一个忌讳，是我把某种神秘保护罩从我孩子身上拿开了。

人选择迷信有时候不是相信迷信的那个东西，而是真的太过惧怕命运的神秘力量。

一回到家，我便立马扎进了床，晕眩的感觉让我一点都不想采用垂直于地球的姿势，只想平平地躺着。那危险的感觉还萦绕着我，像魔法一样难以驱除，但慢慢在消散。

当天晚上，我吃下了平时两倍饭量的食物，那些平时早就吃惯了的热气腾腾的菜和肉，对我产生了致命吸引，我狼吞虎咽，来不及细嚼和品尝。"我需要能量。"身体明明白白地把信号传输给大脑。

于是我发现我怀孕后第一个改变的感受力就是对食物的需求，仿佛有一个战场，而我吃下去的东西都将成为运往那里的必要物资。

我几乎以为我就要失去第一个孩子了，但我没有流血、没有腹痛，这足以证明她没有离我而去。也许她差一点就溜走了，而我的身体通过一系列调兵遣将、驻防工事，阻止了她的逃跑计划，还有我做母亲的强烈愿望，也向她传递了信念。

不久后，我去医院预约了第二次B超检查，第一次做产科B超时，那会儿她还只是一个无回声区，一个代表妊娠的"囊"，一个灰色的圈，嵌在我的子宫壁上，除此之外什么都看不出。

就在我去做第二次B超检查的前晚，睡梦中我被一阵剧烈的腹部绞痛惊醒，时间是凌晨3点左右。此后腹痛一直持续，我不断去卫生间脱下裤子看是否有血迹，不断确认她还在我体内，惶惶不安地度过了一个晚上。

早上，腹痛虽然减弱，却依然时不时揪扯一下。去医院从没有如此紧迫又令我惧怕，那个小小的B超室将为这个小生命宣判生死。

那时我通过经期判断已经怀孕快9周了，如果再监测不到胎心跳动,恐怕就永远不会跳动了。神秘的腹痛像某种凶兆,紧紧攥住了我的心。我试图坐远一点,通过看手机转移注意力,却一直控制不住自己,跑去看滚动患者名字的叫号牌。

那个B超室里进出的都是孕妇。有的女人挺着一个大小正好的肚子,足以让人感到幸福满足又不至于太疲累。那应该是怀孕四五个月的样子,她们脸上挂着习惯于此事的神色,让人猜不透心情。

我留意到一个穿着黑色连裤袜、超短裙、白色外套的姑娘。她应该刚得知自己怀孕了,B超室的门被她从里面打开的瞬间,传出了屋里医生的声音:"你去找产科大夫问问,情况比较复杂。"

她飘飘忽忽地钻出来,整个人像一条枯了的芦苇,黄黄的长发挽在头顶,并无光泽,一层泛灰的粉底堆在小而凹的脸上,身形薄薄一扇,看上去没有一丝保护东西的力量。

她的男伴在外面的椅子上等她,同样年轻,手机横在手里,手指飞快地敲击着屏幕,他沉浸在另一个虚拟的游戏世界里。

足足一个下午过去,终于快轮到我时,我感觉手已经冰凉,内心焦躁到了顶点,腿有些发软。

医生机械地命令我关门躺在床上,撩起衣服,冰凉的B超检查液涂抹在小腹上,那里平坦宁静得像一小片虚无的荒原。外面等待区的鼎沸人声闷闷传进来,越发衬得B超室里静默得像修道院。

我盯着天花板,医生则移动着探测头,一名助理医生坐在电脑前"嗒、嗒"地点击鼠标，没有人说话，时间停滞不前。我生怕这静被一个消息戳破，医生终于还是开口了。

她语气柔和、淡漠，就像背一串没有意义的电话号码般说着："宫体5.6×6.1×4.7cm，宫腔内见胎囊3.5×2.8×1.6cm，胎芽长1.2cm，卵黄囊可见，可见胎心搏动。"

"有胎心！有胎心！孩子留住了！"这强有力的信号不断在我脑中回响，像代表着喜悦的钟声一样叮叮当当，暖意星星洒洒涌出来，压在心头阴沉了一个月的天气，终于拨云见日，时间流动了起来，一股充实感稳稳地将我接住，我差点哭出来。

她被称为胎芽，看起来是一个配置很精简的简单生命体。

她最瞩目的特征是顶着一个小而圆的头，下面连着长长的尾巴，她应该周身都是半透明色的，像琥珀或玳瑁那样，可以从外透视其中的神经血管。她竖立在一个水族箱般的大泡泡里，我不禁想到，人类由水中的原始生命进化而来，古老的鱼儿曾是我们的祖先，如今，人类的孩子在母体内，以另一种高效方式重现了这一起源和过程。

她一厘米长的身体里，除了心脏以外，还没有其余成型的五脏六腑。她微弱地、坚强地搏动着她的生命，向成为一个高级复杂的生命体的征程前进，如同亿万年的进化被浓缩成了九个月。

这是她一年前的样子，一年后，我女儿重达17斤，光是头围就有40多厘米，笑起来像糖果般闪闪发光，哭起来似洪水轰鸣，是一个能量巨大的宝宝。

我总是不断回想那天我从B超室出来，手里拿着黑白的B超纸，那是她的第一张"照片"。端详生命这脆弱微小的萌发之势，让我产生了一种近似于感动的理解。

从社会意义上思考一个人的一生，大部分都平平淡淡，但在生命意义上，每个人从一开始都很精巧、勇敢、出类拔萃。出生前，在母体内从简单到复杂，出生后，在母亲的监护下，从野蛮的小动物到文明人类，人来到世界，和人的种族一样，经历了无数幸运与艰辛。

作为母亲，我知晓我的孩子很伟大这个秘密，我认为她就是一个隐秘的奇迹。

一个健康、复杂，拥有人类完备身体机能与完整灵魂的孩子的诞生，从来都不是理所应当。孕育生命如同闯关，产检多达几十种项目，每一个都代表着可能发生的事故和灾难。

做产检就像坐飞机，起飞前机舱里广播着安全提示，女人们像礼拜仪式上沉默的信众，静静地坐着或躺着。我们都知道，这些警告非常有意义的同时，又没什么意义，因为当其中有些灾难真的发生时，早就超出了人类的救援能力。

监测到胎心之后，下一次产检隔得很久，在怀孕三个月左右，那时你将知道，孩子是否有患"唐氏综合征"的风险，那是一种伴有智能低下、特殊面容、生长发育障碍和多发畸形等症状的疾病。

紧接着是俗称的"大排畸"，非常重要，将从外观上查看四肢、头脑、内脏是否有畸形和异常。在等待这两次产检的漫长时间内，医学没什么能为你做的，到时候得到好消息还是坏消息——当然大部分是好消息，全凭命运的安排。

在等待的日子里，我读到了一个真实的故事，作者曾是2个孩子的母亲——然而2个孩子都没能来到世界上。

她是渴望做母亲的那种女性，在婚礼前夕，她怀上了第一个孩子。她欣喜激动，和其他千千万万的准妈妈没什么两样，她至今没有忘记做产科B超时听到孩子扑通扑通的心跳声。

她和孩子父亲一起为孩子想名字、购置物品、布置儿童房，她甚至没有妊娠反应，所有事都顺心顺意。美好戛然而止在怀孕3个月时的产检，她的孩子被查出先天腹壁畸形，可能导致内脏突出甚至脱出。

如果选择继续怀胎，要等再过一段时间能通过羊水穿刺检测染色体时，看是否异常。如果异常，将来可能大着肚子引产，经历开十指的痛和危险的代价，生下没有生命的孩子。

她和家人经历了一番痛苦的挣扎，最后决定放弃第一个孩子。以下是她的经历。

"2018年6月27日，入院引产的前一晚，躺在家里的床上，我感受到小腹处似有一连串的小泡来来去去。

这个时候我怀孕三个多月，这样的感受从未有过。我总觉得，是不是孩子意识到了什么，要与我告别。

我翻来覆去看着米非司酮片说明书上的每一个字，再目不转睛看着几粒小小的白白的药片，它们将夺走我腹中小小的生命。

我长久地沉默着，真希望时间就静止在这一刻。

我终于还是吃下了药，坐在床上吞声饮泣……

第二天，继续服药。我后悔了，我不想放弃他了。可是，一切都已经无法挽回。只得继续服药。

第三天，痛苦万分的产前折磨。

清晨醒来，服下了米索前列醇片。这就是我入院的目的——引产。服药让我的子宫以为瓜熟蒂落的时候到了，要分娩了。

就要提前感受生产的全过程，我开始紧张了。左等右等，肚子迟迟没有动静。

旁边的床位上，待产妈妈换了一个又一个，眼看她们一个接一个顺利生产，家属满面喜色地收拾东西回家，我开始焦躁不安。

直到医护人员都下班了，我的肚子仍然没有任何反应。经过检查，口服米索没有效果，再次开药，直接放入了子宫。

半夜，小腹的阵痛把我从睡梦中拉回现实。疼一阵缓一阵，一直持续着，宫缩开始了。

我在床上辗转反侧，男友在床边沉沉安眠。痛得厉害时，溢出唇齿的呻吟依旧不能把他唤醒，为什么只有我一个人在痛？！

7月1日，我失去了这个孩子，用分娩的方式。

疼时翻来覆去，缓时迷迷糊糊，突然有一种强烈的想如厕的感觉，我立刻翻身下床，疾步跨进了卫生间。

我感到了宫颈的挤压，一个圆圆的小脑袋滑出了我的身体，紧接着是他小小的身体。我们见面了，一瞬的狂喜，变成了闷痛，眼泪涌上来模糊了双眼。

他曾经是一个生命，我曾经是一个妈妈。

待娩出胎盘，约摸是清晨 6:30。至此，我经历了整个生产的过程，却不是以母亲的身份。

'是个男孩儿……腿长手长，长得也好看……这么小的人儿，五官都能看得清了……肚子上有个包……别哭了，对眼睛不好……以后还能要……'观察完死去的孩子，亲属跟我分享着他们的惊叹，我只一味地伤心。

临床又来了一位待产的妈妈，听着他们讨论为分娩准备的各种妈妈用品和宝宝用品，我心酸难忍；待听到他们自带的胎心监测仪传来宝宝'扑通扑通扑通'的心跳声时，我嚎啕大哭。

我就像一个机器人，麻木地躺在床上，配合着医生的检查、治疗，只是控制不住眼泪。

很快，医务人员把他带走了。我的腹中空了一块，心里也一样。

两年之后，2020年，我再度怀孕，然而喜悦来得很短暂，HCG数值很低，生化妊娠。我又失去了第二个孩子，在同样的7月1日，如同宿命轮回一般。"

读到这些文字时，是一个因妊娠反应难眠的深夜，我躺在床上，泣不成声。

自从肚子里有了一个小生命,我获得了全新的感知系统。这个陌生的女性,她所描述的欣喜和痛苦,描述的那个小生命,我有了实质性、具象化的代入。

从此以后,我发现,我再也无法对有关母亲和孩子的描述无动于衷。母亲的身份成了我永恒的软肋,我几乎将所有感性都包裹在了里面,满满当当,晶莹剔透,轻轻一碰,便咕咚冒泡,或涌出幸福,或酸楚不已。

人们总强调母亲的刚强与力量,仿佛这角色赋予女人超越凡人的神性。殊不知,每一个女神,都是在这无常之世守护着生命的脆弱,必要时,须以一身薄力与命运之巨人拔河。

这神圣而艰巨的任务,以及她所付出的爱,让她那么容易受伤。也许每一个养育过孩子的母亲,最终都会变得遍体鳞伤,只不过这些伤结的疤,让她看起来无坚不摧。

怀孕分娩,是一场概率游戏,所有别人眼里的"再正常不过",可能都是很多女性求之不得的幸运。这就是我为什么说,当你坐上这趟过山车,在空中被甩来甩去时,只能靠自己揣着,有时候,科学也无法彻底解释并左右你的遭遇。

在等待做孕十二周的B超检查时,我和丈夫决定去北京郊外的古北水镇散心。

那是我期盼了好几天的旅行,前一晚我们兴致勃勃,可早上坐在车里,看着一丛丛、一片片深秋的景色从车窗里飞过,我不知为何,心情像块投入水中的重石,控制不住地渐渐往低处沉去。

到了目的地,我们走在石子路上,迎面看到一棵树,灿金束束直射天空,我举起手机,拍下了这惊艳的一幕。我在手机上查看照片怕得怎样,却惊讶于我的感受——我觉得这一切都没有意义——湛蓝天色、古房石路、斑斓秋叶、黄昏斜阳。我拍下的这张照片,我只感受到里面景物的存在,却感受不到存在的美好。

我仿佛被放进了一个盒子里,"咔"的一下,盒子盖上,里面被虚无的黑暗吞没。

我讷讷地抬起头,发现我看到的世界变了,黏稠、迟钝地运行着,就像0.5倍速的影片,我极度厌倦、困乏,什么都不想做,哪里都不想去。紧接着,我闻到的世界也变了,空气里尽是复杂奇怪、暧昧不明的味道。

我走到小吃街,才明白发生了什么。五光十色的食物,它们像张牙舞爪的鬼怪,散发着浓郁的毒气,人们趋之若鹜,只有我能看到它们的另一面——令人作呕。

自此,那世界放慢的感觉,失去意义的忧郁感,一直困扰着我的整个孕期。这是因为激素水平的突变所致,反应表现因人而异,对我而言,感觉就像是从断崖边凛冽决绝地一跃而下。

那天以后,我的身体仿佛被按下了开关,而开关从此坏了,我反复按它,想要回到从前,却怎么也回不去。至今我都无法向别人解释我对古北水镇的印象,那是个美丽的地方,我却几乎再也不想去了,这不怪它。

这世上有两类人无法品尝食物的味道，一类是在接受化疗的癌症病人，一类是处在孕吐反应中的女人。

那段时间，我总是不断去想——其实是在抱怨，一个人无法品尝到食物的正常味道，所有吃下去的东西，都像某种可恶的化学药剂，或者令人憎恨的泔水，生活还有什么美好可言？

在千万种食物中，我最受不了的竟然是毫无味道的大米饭和水。本应唤起人对粮食那充实幸福记忆的米饭，竟散发着我从没闻过的诡奇腥味。水里则有股酸涩金属味儿，喝一口就能联想到它所经过的每一道锈迹斑斑的水管。

每当哪里飘起饭菜的味道，我都像闷在密封的套子里被人打，兜头兜脑地昏胀，浑身打颤，恨不得夺门而逃。

我有一位同事，就坐在我正后方，他喜欢在下午3—4点钟叫外卖，然后坐在工位上吃。他钟爱各种热气腾腾味道浓厚的汤，他总是尽可能吃得慢些，发出吸溜吸溜酣畅淋漓的声响，享受着幸福的嗅觉味觉体验，享受着这种时光。别人因为食物产生的快乐令我煎熬妒忌。

那些令我不那么恶心的食物，我也失去了曾经对它们的美好感受，它们在我嘴里，就像嚼一把塑料。

如果仅仅是食物失去味道，我只要少吃便能熬过去，但我的食欲却异常亢奋。身体要往那个孕育生命的战场运送物资，大脑每天都疲于应对两种截然相反的信号，一种对食物极度厌恶，一种又极度渴望食物。

在深夜，我像个永不满足的游魂，在冰箱门前制造窸窸窣窣的声音，在厨房里神经质地飘来飘去，甚至在半夜两三点打开过外卖软件。

我体内的两个狂热分子，一个厌食症一个暴食癖，一个想吃一个想吐，一个拒绝食物，一个渴望全部塞进体内，他们彻夜地折磨我。有时晚饭因恶心吃得略少了一点，睡到半夜，空虚的胃猛烈分泌酸液，灼灼地蚀燎内脏，我靠含着糖，才能熬过身体的拷问。

我感到我的身体不再服务于我的意志，它现在有了权重更高的任务，那就是孕育生命。

我仿佛变成一个仿生孵化器，食物输送管源源不断地灌进营养，花花绿绿的激素咕咚咕咚此起彼伏，整台机器日夜嗡嗡运转。

很多孕妇会因剧烈呕吐瘦掉十几斤，怀孕早期对一个女人来说，其实毫无幸福感，那时我更像一个生了病的人。

孩子和我有着两套不同的DNA，她一开始从自带的卵黄囊中吸收营养，接着子宫会为她准备好一个胎盘，就像转换器，用来过滤我给她的营养或有害物质。它还有一个重要功能，是隔离我们之间的免疫排异，没有它，我俩都活不下去。虽然我那么爱她，但她本质上对我的身体而言是个"异物"。

为了尽快在她和我之间驾起保障两条生命的转换器，五花八门的各种激素在我体内疯狂生产、横冲直撞，日夜督促我的细胞听命去建设胎盘,使孩子的房子——子宫环境,成熟落成。

我早就品尝过激素的厉害之处,身为女人,从十几岁起,每个月的生理期,我都会被激素抛高摔低蹂躏一番,但从未像现在这样被猛烈攻击过。

那些天在幻觉中,人仿佛被一条小船载着摇摇晃晃从河沟泻入浓黑的大海,发觉时已置身无边无尽、铺天盖地,由激素组成和掌控的恐怖之内。不一会儿,那海像巨神摇晃的酒杯,狂浪一波赛过一波,如大楼般轰然倒在头顶,像铺天盖地俯冲的海鸟拍碎在脚下,船被掀上万丈山巅,又栽入深陡谷底,反反复复。

怒涛轰鸣着,变幻着姿态肆虐拍打,一会儿使人忧郁,一会儿令人亢奋,刚刚差点将人撕碎,马上又要与人狂热起舞……一开始船上的人拧着劲抵抗和控制,没过几天她就明白了,人力在如此骇人的力量面前毫无意义。

不知是否有人体验过,疲惫到眼皮都抬不起来,却怎么都无法入睡?只有彻底乱了套的身体,才会这样。

在孕吐反应愈演愈烈的同时,黑夜将我绑架,它强迫我睁大眼睛看它,我曾经的好朋友——睡眠,彻夜不见来救我。不知有多少个深夜,我绝望地睁着眼睛,清晰地感受着困倦的折磨,细细密密,钻肉噬骨。

睡眠终于来找我时,也只吝啬地给我施一点点仙术,让我浅浅地眠着,就像上了手术台却被麻醉得不彻底的病人,像一个祈求从现实中解脱的人却永远无法灌醉自己,我翻来覆去,恨不得把自己打晕。

幽深甜美的梦乡变成异国他乡，再也不给我颁发签证。至今回想那些日子，记忆全染着大片大片晦暗的夜色。

2020年北京冬季来临的时候，我比以往更清晰地感受了这个过程。夜越来越长，我一开始被连绵不绝的失眠和恶心袭击到绝望，后来我接受了绝望，静静卧着，一边翻书一边听夜——就像古人赏巴山夜雨那样。

深夜其实并不像人们认为的那样寂静，待最晚归家的汽车陆续驶过后，还有絮絮叨叨的醉汉从窗下路过，远处传来狗吠，带着原始的兴奋，仿佛入了夜，人们把世界交还给了动物。风刮着树梢，初冬还能听到叶子簌簌落下，直到一场寒潮过后，只有干巴巴的"呜呜"声，一阵远一阵近，像一条苍龙盘桓在城市上方。

夜里总有各种声音，真正的寂静其实发生在黑夜结束之时——黎明。那是一个暂时的真空空间，不被黑暗掌控也未被光明接手的点，屋外浓墨天色已被稀释成深蓝，屋内投进浊昧不明的光线。属于夜的动物和人都退散了，要主宰白昼的事物还未醒来，世界像封在厚冰层下的水流，钝钝地、缓缓地听不见声响。在那种骇人的宁静之后，一个时刻来临了，先是脆脆的两三声啼叫，接着，一瞬时鸟儿全醒了，对听了一整夜世界低语的人来说，那声音震耳欲聋，"咔嚓"一下，敲碎了结冰的夜，白昼奔涌而出，从远山、楼宇轮廓、树叶的边沿向四处蔓延，朝空中腾跃，一片片、一块块迅速浸染，不一会儿，就统治了整个世界。

我常常抚摸小腹，难以相信里面有生命正在火热生长，那里平坦宁静得像沉默的大陆板块。身体反应是孩子唯一能传递给我的信号，所以这信号越是将我折磨得虚弱疲惫，我越能感受到她强劲蓬勃的生命力。但凡哪天恶心失眠略微减轻一些，我反而会紧张不安。

在母亲和孩子9个月的共生期里，那个不能说话的小家伙，在很大程度上一直掠夺控制着貌似掌握主动权的母体，生命的本质是自私，所以人们总在强调母亲的无私。

从此时起，一个女人的身体将正式接受监督，且部分开放展览。人们开始关爱她，就如同关爱一个包裹——内含珍贵易碎货物。

很多禁忌须知被反复告诫，拿起筷子前，想想这一口能给孩子最好的营养吗？是否会害了孩子？能让人类感到快乐的食物，99%都在禁忌名单上，烟、酒绝对别碰，咖啡因可能会导致早产，冰激凌有感染李斯特菌的风险，饮料零食添加剂太多……在我最需要快乐抚慰的时候，快乐离我远去。

朋友送我的那本孕产百科书上，甚至把精米面和甜点也列入了不建议名单，因为含营养太少而又容易发胖。还要求女人每天使用有机食材做饭给自己吃——他们不会写让丈夫做饭给你吃，因为男人一辈子都不会翻开那本像辞典一样厚的书。

书上要求我像《泰坦尼克号》时代的千金小姐一样控制食欲

和体重，以便将来生产时少受一点苦，而现实中，我周围的人恨不得我立马像气球一样胀起来，反正医院会保证女人不会因生产艰难而死掉。

生育王国，这里仍被古典的约定俗成牢牢统治，就像盘根错节又根深蒂固的某些势力，而我试图用书本知识与之冲突对抗时，则像某个热心于推翻一切的年轻变法家——你知道，历史上这种人物的下场往往很悲壮。

这个世界上的孕妇们就像一群大着肚子的有组织的人，我们制服统一、步伐一致、纪律严明——不能生病、不能熬夜、不能生气、不能化妆、不能穿高跟鞋、不能累着自己、不能受一点凉、不能吃不健康的食物、不能太胖，也不能太瘦、不能吸雾霾和装修味儿、不能进电影院、不能去人多的地方……

但实际上，一个有着全职工作的现代女性，即使她很想，也很难通过一个人的力量把自己照料得像国家珍稀动物一样。伴侣愿不愿意帮助她，职场愿不愿意善待她，全凭他们的良心。孩子诞生以后，生活对她的要求会更苛刻，日子会更难过。

等待新生命降临的过程，也是等待新生活来袭的过程。在此期间，若之前还没有认真想过，现在是考虑这些问题的最后期限了——今后该请求谁来帮助我过日子，我可以和她/他共处一室吗？花钱请人，承担得起吗？或者我是否考虑让自己或伴侣放弃工作来育儿——在这方面，很多人都觉得应该是女士优先。

孕妇是按周、按月计算日子的，我一开始很不习惯，后来突然意识到，人生计算时间流逝的方式竟然一直在变。

20岁之前，是以学期、年级、寒暑假、一次又一次地毕业来计算的，20岁之后到成家立业前，是以一段又一段的恋爱、一个又一个尝试的工作计算的。

待到一切稳定之后，时间突然变得笼统概括起来，以10年为单位计数，30岁、40岁、50岁……从此一个人精准的年龄很少再受关注，被提起时，将处在一个年龄概念区间内。

对女人来说，计时方式还有些独特之处。

如果她怀孕了，会以周、月作为计算时间的单位。孩子出生后，孩子的月龄、年龄将成为分割时空、检索记忆的书签。这种计时方式变得清晰重要的同时，她自己的年龄往往逐渐模糊、隐退幕后。没有一个母亲会忘记孩子几岁，但孩子们往往不能脱口而出自己母亲的年龄。

当我结了婚，站在30—40岁这个区间时，我意识到，我有两个选择——要么选择成为中年人，要么选择永远不做中年人。

这两类人之间的差别，并不在外貌、年龄或其他方面。在攀登人生这座高峰时，有人只需背着自己的生命保障品和精神食粮，而中年人之所以显得不那么潇洒，还一边走一边把一些原先代表自己的东西丢弃了，是因为他们要腾出空间为他人负重，保护他人。

在这两者中做选择时，我认为，孩子也许会让你趴下、匍匐着前进，但也会令你成为生活的英雄。

有一天，我把孩子的B超图像发在朋友圈之后，一下子收到了好几个女性朋友的信息，她们带着一起加入新兵训练营般的兴奋和热情告诉我，她们也怀孕了。

这种神秘巧合令人惊讶。她们有的很久没联系我了，有的在异国他乡多年不见，她们和我差不多的年纪，在前后脚的时间怀上了孩子，竟像商量好了似的。

这让我们建立了新的友谊，一种共同面对命运的关系。就像坐在缓缓启动的过山车上，正倒吸一口凉气时，扭头发现邻座上的人自己居然认识。这种境遇下，哪怕是完全陌生的人，只要彼此一个眼神，也会在冥冥之中产生千丝万缕的安慰和共情。

就在失眠、恶心、忧郁感折磨得我意志坠败到谷底的时候，在那寂尘般的心情上，出现了电光石火快乐的一刻。

那是B超医生在我肚皮上的一划，我在屏幕上短暂地瞥见了一个人。手臂细长，头的侧面是饱饱的圆，翘着一个小小尖尖的鼻。是她，我的孩子，她已成长了十二周，构建出苍白完美如月亮的身体，卧在一个黑暗的世界中。我竟不相信这幅缥缈神圣的图景就是我体内，我心跳不止。

紧接着她扭了扭，在黑暗中晃晃手，向我发出神秘的信号，她正向我而来，或者是，我正向她而去。她好比魔法国度开的一扇传送门，把我的光和热全吸了过去。

时间、空间就像陈列着的一排水晶球，同时播放着我对她的各种想象，虽然那时我还不知道她是男孩还是女孩。她的过去已经开始令我留恋，她的将来则令我憧憬。

我之前对她的爱又被推翻了，那爱不够，远远不够，我原先担忧失去她，那担忧不够，远远不够。

我发生了一些变化，之前我是单独的、清晰的，就像一条独奏音轨。以前我觉得人人都是一条独奏音轨，人们需要建立关系时，就像井然有序或乱七八糟的合奏。

现在，我的音轨上方——那里原先漆黑一片什么都没有，突然出现了另一条轨道。

我像是被扩建了，从此变成两条轨道平行播放。

旧轨道没那么强烈、可辨了，新轨道则很聒噪、跳跃、又细又闪、令人怜爱。

此刻，我这具肉身变得具有浩然守卫之气的同时，又彻底柔软塌陷下去。

震撼感、纯粹感吞没了躺在检查台上的女人，我动情不已，眼泪簌簌而下。

母爱的诞生，令人如此神迷又略带感伤。

### 描缈说 ▶

本书第四、五、六章，分别是孕早期、孕晚期、生产的真实记事，是我2020年10月—2021年6月的经历，从刚怀上女儿猫顺的金秋，路过一冬一春，再到猫顺出生的炎夏。

自开始孕育新生命后,我才切肤体会到,真实的生育过程令一个女性感受了什么,付出了什么。我才意识到,这个世界对真实的生育,关注太少,着墨太吝惜。

所以,女性做母亲时,往往都是独自面对身心巨变走过来的。

很多人都说,与生完孩子之后的辛苦劳累比,怀孕生产受的苦不值一提。但一个母亲能不能拥有叙事的权利,获得支持和理解,往往从最开始就注定了——如果人们眼里看不到准妈妈,又有多大可能看到妈妈?

开始写这三章回忆篇时,我的女儿才半岁,怀她生她时的鲜明记忆,已经如古代壁画般开始剥离褪色。如今女儿已经2岁,我有意识地去回忆那些经历时,更是感到面对真空般的恐惧。恐怕很多妈妈经受了相当的苦和难生下孩子,现在同样一点都想不起来了。

所幸,我从女儿半岁开始,在带娃和工作的间隙,回忆孕期和生产时的经历和感受,花了几个月时间,用笔完整复原了壁画上的故事与人物的一颦一笑。

如今我举烛相看,如同面对史前记事,沧海桑田,恍若隔世,泪眼蒙眬。

希望这些记事,能让更多人看到、听到,一个女性似乎很顺利的生育过程,背后有这么多难言难诉的辛苦、恐惧、痛苦、幸福、剧变。

5

当妈后,我才开始真正理解我的母亲

出生前居住在母亲身体那九个月时间，很少有人真正了解自己的母亲经历过什么。

几十年前的一个早晨，我母亲宋女士上班快迟到了，为了追公交车跑了几步，结果摔倒。当时她怀着6个月大的胎儿——我，撞到了肚子。

这件事宋女士讲了很多回，我从小听到大，就像刻录在光碟上的新闻报道，隔几年时间拿出来播放重温一下。每一次都抑扬顿挫，鲜活惊险，令人倒抽凉气，简直就像刚发生的。最初听说时，我深深为自己的劫后余生感到惊奇激动。在那史前的撞击中，我不仅幸存，还体现了生命置之死地而后生的顽强精神。

长大后再听，我心不在焉，还犯嘀咕，故事里的英雄主角——我，都听腻味了自己的传奇，她怎么还放不下，在心里百转千回？人在听故事时，其实只能听到自己想要的含义。几十年后，我也成了孕妇，忽然发现，我对这件事的理解错得离谱。

它的真相完全不是"我有多么坚强"，而是"我母亲有多么脆弱"，不是"我多么渴望活下来"，而是"我母亲多么担心失去我"。

母亲是新生命的容器，唯一的载具，珍贵易碎货物的包裹，母亲是冒险的反义词。有人觉得怀孕是喜悦的旅程,而我觉得更像一趟带着挑战闯关意味的走镖。

长达九个月的路途上,风险如影随形,必须时刻保持警惕,潜在的伤害不仅来自外部,也可能藏在内部,最终不是所有人都能平安卸货。新生命在抵达瓜熟蒂落之前,在一个介于现实与虚空之间的浮世中,极易摇摆不定,再被召唤回虚空中去,以头三个月为甚。

我曾在刚怀孕时迟迟监测不到胎心,也曾出现过神秘的脱力、腹痛,好几次我几乎以为自己失去了孩子。

我爱腹中的孩子,为孩子担惊受怕,在我的直觉中,那爱像光像绳,也许是引导孩子走向完整、走进人间的重要力量。

孩子的摇摆不定将一直延续到出生后,初期的生命在很长一段时间内,还要抵抗来自虚空的凶险诱惑,而千万年来,是母亲把自己的眼睛、心灵、光和热放在孩子身上,才一次次赶走与生命为敌的能量。

"怕失去孩子"这个想法对孕妇而言,就像恐高的人走在透明玻璃上——下面是万丈深谷。

她不喊不叫,看上去并无异样,别人也觉得她很安全。但可怕的想法在她心里轮回不止,她在无数个极小的瞬间,已经极壮烈地坠落,又重生了无数遍。

有人提出,妈妈和宝宝在分娩前以及分娩后六个月内处于共生状态,换言之,我和胎儿是一个整体,一个复合生物。除了我，没有人能明白，孩子有多鲜活跳动又脆弱不堪，对我的依赖、融入又有多极致。有时候我像个胆小滑稽的吸血鬼——苦恼于过分灵敏的感官系统，任何稍大的声响都令我心慌，任何可疑的东西都在张牙舞爪。

以前我能从影视剧中获得安全的刺激感，怀孕后看到暴力血腥惊悚的镜头感到极度生理不适。以前看到动物心生好奇和怜爱，怀孕后它们都变得獠牙森森，我只想远远绕开。以前喜欢听激昂澎湃的鼓点旋律，怀孕后改成了单调祥和的轻音乐。

我似乎退化了，又似乎觉醒了，茫茫人海之中，只有我回想起了世界在被人类征服之前有多危险。

百万年前的原始基因被激活，警报系统像个没完没了的"狼来了"小男孩卖力地鸣叫着。

看到冲突流血骇人场景（虽然是隔着电视电脑屏幕的）——"这里不安全，最好离开！"

遇见动物——"它们很危险，你现在跑不快，绕开它们。"

听到大声响——"发生什么事了？警惕！"

我被投入一座监牢，它很奇怪，用绝对的安全纯净来惩罚人们。后来我才知道，这刑期很长，可能要延续到我卸下母亲责任的那一天。

我瞬间结束了从前的成人生活，从此待在一个纯净、缓慢、无聊的世界，这是孩子的世界，也是衰老的世界。

做母亲的改变，有些在发生时过于自然，所以当时我并没有注意到。

比如，人类遇到危险会首先保护自己的头部，我只要感到一丝危险气息，第一反应都是护肚子。母亲对孩子的爱既属于人性的一部分，又超出了人性，像束突破的光，通往一个颇为缥缈灵圣的领域。

后来我不禁揣摩观察其他做了母亲的女人，发现她们看上去，就像行走在这世上的，一个个疲惫忙碌的神。

女人在怀孕期间的闯关，有的在科学的严密监督下进行，有的则只发生在她那不为人知的心灵世界。

孕育生命期间的很多事故和灾难，一旦发生，就超出了人类的救援范围，所以医学也没什么能为孕妇做的，只有等待，靠时间的缓慢流速，把她推到一个安全的上岸点。

在孕20周前，我每天都在算着日子想着："再过几天就好了，即使早产，再过几天，我的孩子就能活下来了。"

孕20周后就开始想："千万别早产，孩子多待一天是一天，长得完完整整健健康康，再来到人世。"我见过早产孩子的照片，那些小家伙有成型的五官、身体，但袖珍得令人心碎，你无法想象人类能以这么小的躯体存在于现实。面对他们，你都不敢用力呼吸、大声说话。

那些巨大到残忍的针头、输氧管、输液管插在他们身上，看起来让人一点都联想不到新生的喜悦。

新闻用这类激动人心的事迹来宣传医学进步——"早产×月，

体重仅×斤，不到一个×大，经×院救治奇迹般活下来。"但早产孩子的父母知道，活下来才是第一关，接下来的呼吸关、喂养关、感染关、黄疸关、循环关、神经损伤关……任何一个环节闯不过去，都可能危及生命或留有后遗症。

脏器发育不成熟产生的影响，有的会埋伏在未来，等孩子长大成人后来袭，风险持续终生。

这让我感到深深的心碎和恐惧，如果我的孩子被命运判决如此，我有足够的意志力去搏斗、去等待吗？我怀孕前，觉得足月顺利生产是理所当然的事，但当我变成一个被监控的孵化器，接受询问家族遗传史、接受几十种产检项目、抽血B超做到麻木（有的孕妇还需进行羊水穿刺）时，我才体会到"人类是一种复杂精妙的生物"究竟是什么意思。

要让一个具有完备身体和完整灵魂的孩子出生，任何一个环节的失误、失控，都可能导致超出人类救援能力的后果。也许为人父母会变得越来越"贪心"，但最开始以及永远，我们对孩子的期望都是，健康平安。

至此，我彻底明白了，几十年前那次撞击，令我母亲宋女士念念不忘的原因。

那尖锐的一刻，带着巨大的势能，深深钉在了她的脑海中，她拔不出，忘不了。因她对我的爱，因她肩负的责任，因她的脆弱，因她的内疚，因她的无奈，因她体验了命运的瞬间失控，因她以为失去了孩子而后复得……总之，这和我在她肚子里时顽不顽强、勇不勇敢没有一丁点儿关系。

当我得知自己怀孕时，第一个电话就打给了宋女士。

我本能地想到了她，我已经很久没有以软弱的内在含义与母亲沟通了。宋女士之前常催促我生孩子，所以我带着一种"瞧瞧，这下好了，你得偿所愿了"的口吻告诉她这件喜事，以为她会乐几天几夜。

从电话那端传来的她的声音，却是一种模糊的情绪，是高兴，又不彻底。

"好，好，好，太好了。"语气像一只努力扑腾却跃不起来的鸟雀，当时我只觉得奇怪和隐隐失落，没去深思。

一个孕妇很多时候会觉得，人们关爱她，就如同关爱一个包裹，将来她会被打开，从中取出贵重之物。但我怀孕之后，宋女士看我的眼神异于他人。她就像在看贵重之物本身，而不是隔着我看贵重之物。

宋女士从前常自言自语一句她那个年代的俗语："女人生孩子就像马在水缸上跑。"意思是不到最后一刻，不能确定下一脚是否能踩在安全的地方。

当真正开始品味这句话时，我已到了孕晚期。

我被即将分娩这件事扰得无法安宁，无法控制自己不去想它，那个日期对我而言，就像我要死去，也像我要新生。现在，我只能睁大眼睛，看着自己一天比一天接近那个日子。

在我快要生产前那段日子，北京进入一年中最炎热的季节，昼夜没有多大温差，时常一丝风都没有，空气滚烫黏稠，像一锅从早到晚烧开的粥，而人是下到粥里的鱼蟹，被密不透风地裹着，挨热浪的舔舐。

我的体内同样很火热，孩子为来到人世做着最后冲刺性的准备工作，疯狂地贮备着脂肪和营养，每天早晨起来，我都觉得自己比前一天更硕大滞重。

医生让我保持运动，好为顺产做准备，她轻松愉快地通知我——就像老师通知春游注意事项一样，生孩子消耗的能量差不多等于跑完马拉松。我从来都不是运动健将，不知运动健将听到这句话是否也心有戚戚。

于是我每天晚上去公园走路，那副姿态，是条大腹便便的肥鱼，在淤泥般密不透风的热空气中摇摆着艰难穿梭。待回到家，这条鱼已经熟了，制成了红烧的，湿淋淋、红彤彤、冒着烟。

很难说，孕晚期的女人是否是她那个巨大肚子的主人，就我的体会而言，此时我更像被肚子挟持了。

我是它的营养摄取装置和血氧供给器。我站着看不见自己的脚，睡下支起腿也望不见膝盖，弯不了腰，摸不到鞋，每天睁开眼睛胀满视野的，都是这个巨大之物。

我和孩子已经到了能够相容并存的临界。

最初感受到她的胎动时，像蝴蝶扇动翅膀般微妙。孕中期时，她乐意与我建立联系，活泼地响应我的抚摸，令我幸福满足。而现在，她的庞大强壮令我吃不消，胎动像"胎拳"，常突然来袭，从内击打踢踹我的子宫，疼得我扶着肚子"嘶嘶"倒抽凉气。

医生规定我每天必须数胎动次数，合格次数被严格限制在一个区间里，太多或太少都意味着胎儿可能缺氧。

孩子很随性，有时好几个小时一动不动，有时又突然亢奋地手舞足蹈停不下来。我总是神经紧绷，不断地问丈夫——其实也是自言自语："宝宝不动，我是不是该去医院看看？""宝宝动得太猛了，会不会有问题？"好几次，那巨大的肚子静默得吓人，就像里面是永恒的真空一样，我吃东西、轻拍、活动都试遍了，怎么都得不到孩子的回应，我们之间的信号消失在了深不见底的宇宙中。

可怖的念头像一个黑色气球越胀越大，压迫着我的心脏，我在孕早期害怕胎停时体验的恐惧又被超越了。一个如此聒噪过、可爱过、互动过的生命，如果死在了我体内，也许我本人也将随之化为坟墓。

然而既幸运又可气的是，每次在我怀着悲壮的心情准备动身去医院时，那个小家伙仿佛开够了玩笑，又恢复了正常胎动。

孕晚期我和孩子之间充满了各式各样的矛盾，但依然是盟友，我俩都明白，再过不久，我们就要一起开赴战场，在一场痛苦的较劲和配合中，完成将生命一分为二的神奇转变。

我这台孵化器带着奋力一搏的最后觉悟在疯狂工作。

新陈代谢快得不可思议，心脏泵出几倍的血量，肺部尽力撑开大量吸吐空气，身体持续超负荷运转。这亢奋的身体完成使命之后，会在产后变得虚弱、迟钝好长一段时间。

所以生孩子绝不仅是一个瞬间发生的事，这件事对女人来说，是一种慢性的侵入、钝感的持续以及永恒的改变。

为了到时方便人类婴儿大得夸张的头通过，松弛素开始分泌，骨骼韧带不再联结紧密。身体一边松弛着结构，一边承受着日益增大的重量，像木梯子掉了几颗钉子似地摇摇欲坠。

我想象自己的盆骨像有自主意识般，咯吱咯吱开始活动，调整出合适的形状角度，正好能让一个六七斤的物体通过——那大概和我家猫差不多大。这导致我每次看见猫，都会问自己一遍，这么巨大的物体怎么从身体里出来的？

在想象这个过程时，诸如撕裂、切断、打开、缝合之类的词汇难以避免，我的身体将遭受五花八门的痛苦。虽然不久后就要承受生孩子的剧痛，但我还是害怕产检时的内检。

我十分担心我还没有做好心理准备就被架上了产床，就像新手司机走错路开上了高速，也像还没祷告完、没有获得内心超脱平静的囚犯被赶上绞刑台。

从前只有拳头大的子宫硕大如瓜，积压我的身体空间。五脏六腑像摔乱的拼图，上下左右错落移位，肋骨被从中间向两边撑开。胃从幽深的腹腔顶上来，酸液、气体、食物常反流到食管和口腔。肠子捆在一起，挤到狭小的角落里艰难维持运作。

自胸口起延至肚脐下那条妊娠线越发浓黑，似要将我沿人体中线准确完美地劈成两瓣，这条线越清晰，表明里面硕大娇嫩的果实越接近彻底成熟，即将开裂落地。

夜晚成了我要克服的难关。

每天晚上就寝前，我一边刷牙洗漱，一边对黑暗中那张床感到抗拒，躺在那上面，意味着强制性休息，我丝毫感觉不到舒适轻松，甚至要做好经受一夜考验折磨的心理准备。

每个孕妇都只有一种官方睡姿，那就是左侧睡，大夫警告我不要仰躺，那可能会让孩子窒息。沉重的身体很快躺到血液麻木，我不得不翻身。一般人翻身无须醒来，潜意识中3秒就能完成，而我必须清醒过来，用手托起腹部，分步骤小心缓慢地把这座山移到另一边。

腹肌被硕大的子宫大力扯长，就像弹簧分崩离析、失去弹性。耻骨、脊柱都在艰涩痛苦地嚎叫，想要告知我它们已经无法承受身体里硕大的"异物"。

每一个翻身、起身、挪动的细微动作，我都要调用全身去支援才能做到。幽深甜美的长时间深度睡眠根本与我无缘，伴随着骨骼肌肉密密扎扎的刺疼，我如躺针毡，当疼痛袭来时，我是一只猫，在黑暗中无声地龇牙咧嘴。

贾宝玉有句名言："女人是水做的。"大约赞美的是未婚未育的宝珠似的女性，实际上，没有人比马上要生孩子的女人更像水做的。

我亮晶晶、圆鼓鼓，紧绷的体表下胀满了水，仿佛用针一戳就会炸。胳膊、腿脚呈现着病态的圆润，饱满欲滴，却不像鲜花，像从茶水里捞出来的一朵泡得丰腴苍白的茶菊。按我孕晚期的体重减去孕前体重算，我每天背负着四五个超市里的大西瓜。

我看起来像是被水囚禁了，属肚子最为壮观，它丘陵般巍峨，把上半身和下半身隔开了，无法配合，所以我无法弯腰穿鞋、剪指甲、捡东西，最后连蹲也做不到了。

如果遇到震动，这些水和里面的孩子晃起来，满满当当地撞来撞去，让我想起一种久违的感觉。

小时候去菜场买鱼，拎着薄薄的塑料袋，里面兜着一条翻来摆去在浅水里挣扎的大鱼，那重量和动静传导到我手里，很不寻常，且令人不安。这样一步一颠地陆运一个水生生物，我无法放心，一心想着赶紧回家，生怕那小小的水中世界破了、没了。

来探望我的朋友看到我时惊呼："你怎么跟以前长得不一样了？"藏于我体表下无法排除的水，在我脸上促成了一场地壳运动。

眼睛是湖泊，从圆圆一片，挤成了窄窄一条。两颊曾是凹陷的盆地，现在膨得像大地女神的乳房。曾有山峰棱角的地方，譬如下颌、额头、眉骨，都被整体升高的海拔夷为平地了。

容颜模糊的我对比着自己以前的照片，深觉沧海桑田。同时，我已无法将自己塞进以前的衣服和鞋里，事实上，我怀疑自己是否还能回到从前的身体。

水肿带有痛感，下午、晚上会更严重。两条腿垂在椅下，像被铁液灌注的两根金属肢，刺痛麻木，挪动时的感觉很陌生，根本不像人类的肢体，僵沉得不可思议。

我想到几十年前宋女士快生我时，没有马桶，她是如何用两根不听使唤的铁肢撑着巨肚解决如厕问题的？她体验到的痛苦该比我多多少？我从来没想过这些问题，就像我从前不明白一个母亲摔倒撞到肚子里的孩子有多么令她惊惧害怕。

俗语说："自己当了父母才理解自己的父母""养儿方知父母恩"，这些话曾经让我觉得某种错误被一代又一代传承下来，仿佛预示着人生来就带着亏欠、无知和罪恶，但注定有朝一日会痛哭流涕地反思和偿还，所以以前我很不喜欢这些话。

如今，这些话突然不再像激烈的控诉，而变成一种朴素、踏实的语境。

它们也许并不为了告诫指责人们，只是等在那里，如一个静静开着门的归宿、一盏长明的灯，等待着，等人主动走入、顿悟，然后发自内心地感叹出来。

一个人对父母的理解，并不一定从愧疚开始，大部分也许是从相像开始。人总是先远离父母，证明自己破土而出，崭新而清白，等到了某个人生节点，突然大吃一惊——父母和自己，竟像两张纸叠在一起，上一代人的纹路印记，隐隐淡淡透在这一代人的纸上。

孩子对母亲的误解，许是代代相传的，未来我的孩子也会像我误会宋女士那样误会我。但孩子与母亲之间,也存在跨越时空的互相映照、重叠,就如我和我母亲。

在我即将成为母亲的关头,除了身体在火热地运行,我在精神世界也意识到,我正在从各种意义上走向一种成熟境界。

我结了果实,复制了生命,在人生生死次序的队列里,我不再是最后一个。如今我要像父母替我遮蔽生命终点之海那样,遮蔽我的孩子。

上有老下有小,是一颗算珠被轻轻一推,下面有新珠子拨上来了,上面托着更前面的老珠子。这世上无数的人、无数的珠子,噼里啪啦,上上下下,一颗珠子被顶到头,掉出算盘,一生也就终了。

日本文学家井上靖在《我的母亲手记》里说——

因为父亲(父母)活着,作为他孩子的我得到了(远离死亡之海的)有力的庇护。然而它并非来自父亲(父母)主动的意愿,在这件事上,不涉及人类的算计或父母子女的亲情。

只因为是父亲(父母)和儿子,自然会产生那样的作用,正因为如此,这无疑是所谓亲子最纯粹的意味。

领悟到亲子关系的这一天然本质,大概也是生育带给我的心智变化的一部分。

我紧张地筹备着,为人生进入新阶段构建新的心理。这人间在我创造生命之前,是一场不太认真的游戏,再过不久,另一个生命软绵绵、沉甸甸地落入我怀里、伏在我肩上时,我希望我做好了准备。

仅仅认真是不够的,这场革命也许会要求我牺牲更多,但我会得到什么呢?一些神秘的奖赏?我隐隐期待着。

## 描绻说 ▶

有一位读者曾对我说:"我已经是一个很善于排解压力,精神力量挺强的女人了,但(生育带来的)无处不在的压力还是让我有些无所适从,这压力某种程度上是自给的,我无法放松自己到一个满意的状态。看到作者这一系列的文字,我觉得被安慰了,得到了表达和一定程度的释放。谢谢,希望你用敏感的心、精妙的文字,记录下这些事情。它是有意义的。"

文章写出来就不是作者的了,读者才是赋予这些文字意义的人。

当一个独自经历转变与混乱的女性知道,在这个世界上,有人的感受与自己相同时,我写下的这些文字就真正有了价值。

如果这些感觉一直被视作异常或根本不存在,那些有类似感受却无力言说的母亲会转而怀疑自己。

"做母亲的幸福"世人已经倡导歌颂得很多了,在这些光芒之下,有些略带晦暗色调的细节被掩盖。让这些细节见光并非什么坏事,也许多一个人看到,就少一个人把孕期、生产后的焦虑和情绪波动,理直气壮地说成"矫情"。希望通过我的文字,这些成为母亲的真实体验和细节能够进入公众视野。

文字神奇地将许许多多经历过生育带来的剧变的女性，织在了一起，我既是织网者，同时我也被这张网温柔地兜住了——是的，因为看到读者的话，我也得到了疗愈。

# 6

当护士惊叫着猛击我肚子时,我才知道生孩子藏着多少不可控的危险

生产前十几天，我做了产检规定里的最后一次B超。

医生说孩子预估重量6斤，是个恰到好处的胎儿，让人无须担忧和紧张。那时的我就像第一次上战场的士兵，听说了战况有利、敌人无甚强大的好消息，感到暂时安心。

尽管不久后到来的黎明，一场酣战在即，但此时此刻，我躺在静静的战壕里，感觉尚能控制自己，并不至于哆嗦到尿裤子。

我听说很多第一次生产的女人在生之前偷偷哭泣，之所以要"偷偷哭泣"，是因为这个世界认为一个马上当妈妈的女人应当幸福，孕妇情绪不佳，实际上大家担心的是她腹中的孩子。

作为母亲，她的情绪从孩子还未出生开始，就不再由她个人支配了。在世人看来，她和孩子，往往是施害者和被害者的关系，她的差池和自我放纵，将来都会化成孩子的弱点和缺陷，她无力解释。

我一直避免"偷偷哭泣"这种情况发生，因为我觉得一旦发生了，就意味着，我从此进入了一种可怜境界，在那里我的痛苦不再具有合法性、公开性，只能成为一种隐私。

这个世界上比恐怖还恐怖的，是等待恐怖来临的过程，这是被想象填满的时刻。

我像一个挺着大肚子的士兵，屏气凝神地望着地平线，过了约定发生激烈战斗的时间，却不见任何影子。孕40周过去了，预产期也过去了，我没有动静，医生测量了宫颈长度，一点没有要发动的前兆。过了几天，再次测量，依然不像临产的意思。

为了确认宫内情况，我又做了一次B超。

"7斤半。"做B超的大夫面无表情地通知我测量的胎儿结果。情势急转直下，生产这件事没有动静，原来是在蓄积给我的痛苦，预备重兵压境，而我在这注定的命运面前，只剩目瞪口呆。

"你这样子，可能不会那么顺利哦。"产科医生两只手比划着。

"胎儿头围倒是不大，但是肩膀和腹部堆积了肉，可能不太好出来。"我感觉自己已经倒在血泊中了。

"我给你开住院手续，下周无论如何都得让你生了，到时候给你挂催产素。"她把摆在桌子上的日历翻过来对着我，"你选个日子吧，住院第二天应该就生出来了。"

意思是让我选宝宝的生日，她等待着我的回复，我却觉得自己完全不能思考了。

这理应是个大日子，此时此刻我应该全神贯注并赶紧为孩子决定。下周正好有两个星座交接，我甚至能为孩子选个星座。

但日历上那七个日子，仿佛是七个审判日，哪一个都合适，哪一个都不合适，其实根本没有区别。

但我最终还是选了个日子,从诊室出来,去做胎心监测。躺在窄窄的白色床上,我给我母亲宋女士拨了个电话,一听到她紧张担忧的声音,我的眼眶就湿了,但强忍着没让她听出来。

挂了电话,我一边流泪一边给好友发信息,告诉她我的宝宝可能有点大,不好生。在这之前,我以为孩子只有6斤时,好友曾跟我讲过几十年前她出生时的境况。她7斤8两,她母亲不到100斤体重,大出血,差点没从产房活着出来。

我们认识十几年了,因为我要生孩子了,才第一次知晓她出生时凶险的故事。她若是生在百年前,她母亲也许会因生她送了命,她自己也可能活不下来。

原来我听宋女士念叨"女人生孩子就像马在水缸上跑",不到最后永远无法确定下一脚是否会踩空,我以为这是一种概括,是对女性群像的粗略写意。我躲在这安全的人海中,面目模糊,大概率是无事的。

如今骇然发现,我身边人的脸和我自己的脸,端端正正印在这张集体画中。

再仔细看,原来这根本不是集体画,而是针对一个个人的,残酷地、细致地、一笔一画地刻写。

我猜想,得知敌人强大的士兵,在开战前会不会有这种荒谬的渴望——想扔了枪、卸了甲,掉头逃回故乡?

此前我苦心营造维持的待产状态,根本就是假象,表面幸福平静,内里摇摇欲坠、不堪一击。现如今曾被压制的情绪纷纷起义,席卷而来,我被恐惧、焦灼、回光返照似的亢奋占领,无力扭转现状,于是一个人偷偷哭了几次。

对于何时该去医院生孩子,每个孕妇都会得到纪律严明的教学。

影视剧里孕妇捂着肚子一疼,就是要生了,实际上,每个孕妇临产前的状况都不一样,有的见红,有的破水,有的急产,有的宫缩不强……医生再三告诫我,一定要确认自己真的要生了再来,否则,在医院可能得不到一张床位,得在走廊挺着大肚子难受地等待,我的产检医生说她曾骂回去无数孕妇。

但同时,如果确实出现了紧急情况,一定不要犹豫,立马来医院。这就要求孕妇必须依靠自己的判断力、意志力,精准地把握那个时机——就是熟透了的果实从树上掉落前的一刹那。

果实开始松动的信号是在孩子出生前5天夜里出现的。

那天丈夫去上夜班,我独自躺在床上,半夜3点左右,腹部突然一紧,隔了二十分钟,又一紧。我醒来仔细感受辨认这信号,不禁有点意外,也许不用挂催产素,孩子可以自然分娩。

"他/她就要来了!"我闭着眼睛,抚摸肚子,从外面一点动静都感受不到,就像即将爆发的活火山,里面酝酿蓄积着能量,外层仍裹着冰冷坚硬的岩石。

一股莫名的冲动突然袭来,我期待一次彻底的爆发,期待新生命从我这里破土而出,期待结束我体内这个孕育生命的不稳定的浮世,期待斩断我和孩子黑暗中的身体联结,期待与孩子在光明中拥抱，期待九个月以来所经历的一切迎来终结。

临产信号昼伏夜出，白天消失无踪，生产前4天的晚上又按时到访。

我睁着眼睛睡意全无，拿起手机计算宫缩的频率和间隔时间，这次痛感比前一天晚上明显，腹部有种特别的酸麻感，像是被人揍了以后的余震痛感。我知道，孩子的头正在下沉，往骨盆里钻。

心神不宁的我起来洗了个澡，检查了一遍待产包，虽然明知距离真正的发动还早，却还是做好了随时去医院的准备。

我尽量静悄悄的，没惊动家人。一切准备妥当，我独自坐在客厅沙发上，看着天渐渐亮起来，一阵钢琴声穿过青融融的晨色飘进耳中，也许来自我哪位心情不好的邻居，弹得生涩凌乱，像是要烘托渲染我此时的心情似的。

随着天光越来越亮，那模糊奇怪的琴声渐渐消失了，痛感频率越来越低，直至彻底平息。

从生产前倒计时3天开始，我纷乱的思维突然变得集中而镇定。

在自然界，一头临产的雌兽会低调地寻找安全的分娩地点，我不会在草原上的某个灌木丛后生孩子，但保护自己和孩子的本能让我思维清晰。

关于新生儿护理的要点，我把重点摘录出来，背得滚瓜烂熟；学习吸奶器等母婴用品的使用方法；再次检查调整去医院的行装……我不慌不乱地忙来忙去，来陪伴我的宋女士此时则像一只紧张的鹰，时刻注视着我的一举一动。

晚上照常出去走路运动，但已经不去远处的公园，只敢在楼下溜达。

那天出去时已经很晚了，居民楼的灯光亮得璀璨，从外面看就像一格一格的窝，里面人影绰绰，是归了巢的鸟。路上冷清，很难不注意到头顶的月亮，那只肥胸脯的白凤凰栖在树杈上，默默把亘古不变的银光洒向月下人。

陪我出来的宋女士悠悠地提起了往事："三十年前的夏天，我快生你了，白天去医院，大夫说还早呢，不收我，那天晚上也很热，我疼得睡不着，在你爸学校的操场一圈又一圈地走，我记得那晚的月亮特别亮，把操场照得清清楚楚的，天擦亮的时候，羊水淅淅沥沥往出流，我赶紧去医院，一量血压，高得吓人，大夫说什么都不让我走，疼到早上10点多，你就出生了。"

这是我第一次听宋女士提起这些事。

以前宋女士讲起生孩子，就像"三行诗"般明快轻巧，没有拖泥带水的细节："你出生在一个清晨，你爸回家拿东西的工夫，我就生好你了。"

生孩子的镜头一闪而过，紧接着是一段加了柔光的重点特写，对这段她不吝言辞，那是她第一眼看到我的样子，她总说："又黑又瘦的，像个猴子，那时候我吃不上什么有营养的东西，要不然你总能胖点，估计后来生病也能少点，不过你手指真长啊，像竹子一样，脸嘛，长得活脱脱就是一个小×（她的名字），结果没几天就不像我了，越来越像你爸。"

我以前常问她："生的时候疼吗？"她总是回答："我晕过去了，醒来你就出生了。"长大后我不再问，因为我大概猜到，母亲是疼晕过去的。

人们通常是不会得知自己出生时的详细故事的，母亲一生都把孩子生日那天那些可怖的经历当作秘密保守。也许只有自己做了父母，才有机会从父母那儿解锁观看自己人生初期的故事。

那些时空像拼图上缺失的板块，也像没有通电的房间，它们本属于我作为一个人的整体，也潜在地影响着整体，却黑黢黢地空在那里许多年。从今往后，我将一点点儿把它们找回来、点亮。

那天晚上散完步，宋女士和我约定好，我生孩子的时候她就不去医院了。"我怕自己心疼你承受不住，反而给你们添麻烦，我就在家等吧。"她说。

当天夜里，宫缩加剧，不再是一紧一紧的酸麻感，而是拳拳到肉的、毫不含糊的疼痛。

疼痛袭来时，我像只痛苦的虾，蜷在床上，皱着眉深呼吸。我迷迷糊糊睡过去，又疼醒，疼痛和睡意互相抗衡拉扯，都想将我争取。

我突然明白了生孩子为何对体力要求那么高，因为从宫缩发动开始，基本就没什么觉可睡了。早上彻底清醒后，我感觉肚子被人揍了一整夜。

自孕中期后,我的肺被硕大的子宫压迫了4个月,在生产前2天,久违地获得了无比畅快轻松的感觉,我感觉自己从空气稀薄的高原重新回到了平地,在海水里游了4个月成功横渡海峡登岸。

我贪婪地呼吸着空气,明显感到孩子的位置越来越靠下,腾出了上面的空间,转而紧紧压迫骶骨。"他/她已经准备好了。"一条信号弹了我一下,我预感到,真正的战斗就要打响了。

这一天,疼痛断断续续从清晨持续到晚上,傍晚过后,开始加重。

夜里好不容易在疼痛间隙睡着,半夜,我感到肚子被扎了一刀,猛地惊醒。那座巨峰依然很平静,内脏肌肉在里面狰狞地绞动,俗称"开指",这股力道在撑开子宫,把孩子往下推,从外面却一点都看不出、摸不到。

小时候,我的手指不小心被刀割过,伤口深得能看到骨头,皮肉被锐器侵入的记忆被唤醒,此刻我体会到的,就是那熟悉的痛感。每隔10分钟,持续被扎几十秒,"呼、呵——"我深呼吸抵御着疼痛。

如果把生孩子比作一趟刺激无比的过山车,我现在已经爬完了坡,坐在嘎吱嘎吱的车厢里,迎面吹着高处凛冽的风,视野越来越高,越来越空。我缓缓接近最高点,接下来的一个瞬间,我将如瀑布般倾泻直下,如视死如归的鸟俯冲地面。

英国女作家蕾切尔·卡斯克怀第一个孩子时，胎盘完全堵住了子宫颈，孩子根本出不来，直到快到预产期时突然流血才知道。

她本来有点排斥在医院分娩这件事，打算在家生孩子，结果不得不住进医院，被医生在肚皮上划了一刀，把宝宝取出来，保住了她们母子二人的命。她的医生愉快地告诉她："如果出生于一百五十年前，你现在早就死了。"我的胎盘位置也有点低，不过还能允许自然分娩。

丈夫同事的妻子跟我预产期差不多。我没有和她见过面，是断断续续从丈夫口中听说的消息。

几周前她就住进了医院，据说胎心监测结果不好，有宫内窒息迹象，所以提前剖腹产，她预产期比我晚，比我早当上了妈妈。

孩子5斤多，出生第二天照例和其他婴儿待在一起由医院统一照顾，没有进行喂养（一般婴儿在母体里攒够了足以支撑几天的营养）。这孩子体弱，第三天查出低血糖，虽然进行了及时喂养，却依然出现了多种危险症状，其中包括大脑损伤。孩子被送进了ICU，至今尚未脱离危险，父母也没见过。

我家乡有位亲戚也跟我预产期差不多，宋女士经常跟我分享那位姐姐的近况。

这是她第三次怀孕，前两次在孕早期就流产了，这一次过了前三个月还有流血症状，医生让她绝对卧床静养，所以她自孕中期后，基本就没怎么接触过地面。

宋女士在几个月前见过她，形容她时这样说："特别憔悴，人也胖走了型，没什么精神，说话有气无力的，看着怪可怜。"现如今，几次三番失去孩子的她，终于颤颤巍巍、胆战心惊地把孩子怀到了临产。

这世上我只了解这三位女士的生育过程，我似乎属于比较幸运的一个。

但"女人生孩子就像马在水缸上跑"，我还没有跑到最后一步，下一步会有什么等着我？后来我才知道，拖过了预产期，以及漫长的开指过程，酝酿着怎样的危险。

生产前1天的白天，我十分笃定自己到了那个时机——熟透了的果实从树上掉落前的一刹那。

宫缩阵痛每5分钟一次，持续30秒以上，我觉得现在去医院，大概率不会被骂回来。然而上了车，开始颠簸起来，肚子却消停了。

人类把原始记忆存在基因里，我腹中的孩子可能认为，颠簸代表着母亲正在迁徙或逃命，此时不是出生的最佳时刻。到了医院门口，我犹豫是进去还是打道回府，孩子却觉得抵达了安全地点，马上干劲十足地发动起来。

产科女大夫接待了我，她探测了一下我的体内，露出赞许的神情，表示我已经开了一指半，现在就是入院的最佳时机。"估计今晚，最晚明早，你就生了。"她给我开了住院手续。

此时我已经对一指半的疼痛感到麻木了，看起来简直是一个不能再棒的待产孕妇，神采奕奕，步伐利落——实际上，我已经连着被揍了4个晚上几乎没怎么睡觉了。

下午2点入住医院，我有预感，接下来得有好一阵我没法下床好好走路了。我不愿躺着，在地上踱步，痛楚袭来时，扶着床边的把手忍耐一会儿。

2点半左右，护士强行让我上床，在大到极限的肚子上绑上胎心监护带。下午3点左右，我的腹部突然传来一阵"拧麻花"的感觉，紧接着，子宫仿佛被一块巨石吊着，狠狠往下一拽，再一拽，一边拧一边拽，我几乎以为自己的内脏就要被这股凶狠的力道拖出体外了。

刚才我还能和丈夫打趣说笑，现在紧紧闭上了嘴——我怕一张嘴就要喊出来，我像被点了穴似的，一动不动，攥着床边扶手忍受疼痛攻击。

此处可能需要加以说明，为何我丈夫会出现在这里。

生产时要不要伴侣陪产？

部分女性决定让丈夫陪产，有的女性觉得让丈夫目睹这个过程会有助于理解妻子的不易，有的觉得应该让孩子父亲参与并亲眼见证生命诞生的神圣时刻，有的别无所求，只想在痛苦孤独时有人陪伴。

也有很多女性坚决不让丈夫陪产，理由是他人在场可能会导致自己变"软弱""分心"，以及会"感到羞耻"，觉得丈夫在这种时候只会"添乱"。还有的女性没得选,医院出于各种考虑不允许家人陪产。

我本来是个坚定的"不让丈夫陪产"派,可是自打知道孩子很大导致不好生之后,我和丈夫成了一对患难夫妻,如同张爱玲《倾城之恋》中的白流苏和范柳原,把小情小爱的细节置于更大的生存问题下,根本不值一提。

这其中还包含一个实际的考虑——如果有什么意外,丈夫是个冷静缜密的人,也许能替彼时不知道什么状况的我做决定。

胎心检测仪有一个显示宫缩强度的功能,不疼时数值只有十几,阵痛时瞬间飙到90多、100多。

我喜欢这个仪器,它把我正在承受的痛苦转化成电子信号,具体展示在了现实中。我曾听到人们议论产妇时,用到"哼哼唧唧""鬼哭狼嚎""大骂、掐咬自己的丈夫"这类描述,感觉像是在形容一个令人毛骨悚然的疯子。

疯子深受自己大脑的折磨,那痛苦没有流血骇人的外部伤口,就和产妇因她的肚子受的苦一样,其他人不觉得这种痛苦有多厉害。

我曾听生过孩子的女性说,她们在痛苦万分地喊叫时,受到了呵斥、责骂,若说从前在人们眼中,产妇和疯子有什么区别,大概就是产妇比疯子多了一个大肚子。

有人觉得,女性在生产时及生产结束后,如果表现出比动物更多的痛苦,就是"矫情",未生育的女性为生育这件事担忧,也是毫无道理。

他们似乎忘了，人处在复杂的社会关系中，人有敏感丰富的心理世界，人有保护隐私和尊严的渴望，人进化的成本是几乎全部由女性在承受，人需要直立行走，所以骨盆变窄，人需要智慧的大脑，所以婴儿的头变大，这导致女性在生育中所受的折磨是其他动物的千百倍。

从下午4点开始，仿佛有一副刑具把我装了进去，我曾在一部名叫《刑罚》的纪录片中，见识过这玩意儿，那是中世纪的人苦思冥想发明出来对付异教徒的恐怖工具。

刑具是一个人形盒子，受刑者被绑在里面，盒子的盖上装着数根突出的尖刺，通过一寸寸扎进囚犯的身体来达到审讯折磨的目的。

阵痛愈来愈强，我受刑的频率越来越快，全身神经都在突突狂跳，嚎叫着向大脑求救，指望大脑想出解决痛苦的办法，而大脑只剩一片白哗哗的噪音，就像深夜失去信号的电视。

我此时有强烈的逃生念头，然而我无处可逃，生育过程是无可挽回的开弓之箭，痛苦之神从我这里得到充分的献祭从而满足之后，自然之神方能赠予我宝贵的新生命。

此刻在我肚子里的胎儿，我曾在怀孕的九个月里对她产生了柔情缱绻的爱意，现在几乎荡然无存。

曾经我觉得自己和孩子结合得无比亲密，她即使只有一个细胞大小，我也把她当成一个可爱的人来看待，更不用说能感受到胎动以后，她那些小小的撒娇令我深深着迷。

然而在分娩前的最后关头，孩子彻彻底底变成了一个致命的"异物"。我似乎成了一个被蛀空的蛹，在我的身体里面，她蛰伏了九个月，攒足了我给她的营养能量，于是挣扎翻动，要破茧而出。

护士告诉我，才开了两指半，我震惊地失声问道："什么？"我心想："我以为已经到了极限的痛苦，其实仅仅是个开始！"如果不是早已知道一会儿能打无痛分娩针，听到这个进度，绝望的心情定会将我吞噬。

我预感到最多再有一两个小时，我就会防线崩溃，意志分崩瓦解，到时候骇人可怖的嘶鸣将会充斥整个产房，我将无法维持人的样子和尊严。

与痛苦作战时，会消耗极大的能量，下午5点，我仿佛跑完马拉松似的浑身是汗。

幻觉中，我似乎变成一个奇怪的俄罗斯套娃，密封得毫无缝隙，要想把我身体里面那个小一号的"我"取出来，我要被连锯带砍，大卸八块，拆得七零八落。我的骨头在移位，韧带在撕扯，子宫肌肉疯狂地拧在一起，像要挤出水一样把巨大的胎儿逼出来。

我曾经历的所有肉体痛苦中，找不出能与之勉强匹敌的，这是名副其实的痛苦之王。我必须集中所有精神力与之抗衡，才不至于用头去撞墙。

丈夫此时在我旁边一脸无辜地等待着，我对为人父母的不公之处，想要痛哭着大声控诉，孩子是属于父母两个人的，而此刻，母亲承担着100%的痛苦。

仪器上代表宫缩的数字狂飙时，我坐在床上，双腿岔开，胳膊向后撑着床，全身绷紧，肚子挺向天花板，双目空视前方，眼睛一眨不眨，口鼻中呼吸变弱。

如果我是一个艺术家，日后我也许会以这个姿势为模板，创作一幅画或一座雕像，记录这里面蕴含着的生命神秘状态。

理论上说分娩时的疼痛是人类所能忍受的极限，我感到自己到了死生河界的岸边。这里时空扭曲，妖娆迷幻，一会儿飞速而逝，就像彗星掠过夜空，一会儿黏稠缓慢，如同海底水流穿过沉船。

不知从何时起，我已经体验不到空气冷热，也不再操心自己的模样看上去怎样——是像人还是像鬼，其实就算明天是世界末日我也不担心了，那是属于下面那个凡世的烦恼，而我正飘在上面，就像灵魂出窍一样。

我惊讶于自己能说话、能吃东西，就像灵魂看着自己的肉体在动一样。

就在我觉得自己的灵魂越来越轻，距离身体越来越远时，一个人推开产房的门进来了，他一身白衣，端着一盘闪着粼粼光泽的金属器具。我突然明白，我可以打无痛分娩针了。

明白了这一事实后，在我眼中，立在产房门口的他，炫目如身披熠熠光辉的天使站在燃烧着熊熊烈火的地狱门口,他将接我逃离煎熬,使我从痛苦中解放,飞升至天堂。

他说:"我是麻醉医生,我先给你打一针局部麻醉,然后再把输麻药的针推进去。"

生产前我被培训过,我应该像虾一样蜷起身子,尽可能把脊椎之间的缝隙暴露出来——针将从那里进入。我侧过身,病号服被护士迅速撩了起来。局麻针扎到脊柱上,一股微胀感袭来,身体本能地弹了一下。

医生的声音紧张起来:"别动,千万别动!"

话音刚落,宫缩来了,我猛地抓住床栏杆,手指像要嵌进铁里去一样,攥得发白。

"降下来了。"我背后的医生和护士低声交流,他们指的是仪器上显示的数字。

医生很快采取行动,第二针扎了进来,药水化身一条细长凉滑的水蛇,钻入我的背部,寄生在我的脊椎里。

过了好一会儿,他才又说话:"好了,别动,我固定一下。"

我的下半截身体即将失控,护士麻利地给我插上了尿管,然后他们离开了产房。

丈夫仿佛目睹了一个不得了的秘密似的,等人走了,悄悄跟我说:"那个针有这——么长。"

他用手比划了一下,我目测有近10cm长,我问他:"针粗吗?"

"挺粗的。"他努努嘴表示肯定。

现在我被四根管子固定在了床上,在生出孩子前,我下不了床,不能自理,哪儿都去不了。手上是输液管,背后是麻醉管,肚子上是胎心监护带,再下面是尿管,这是我所能得到的所有帮助,接下来,就靠我自己了。

随着疼痛逐级降低,我渐渐脱离了死生河界的怪异时空,仿佛从一场不彻底的昏迷中清醒过来。

15分钟后,灵魂终于降落到床上,和肉体重新融合。这感觉类似于被甩晕的过山车乘客,脚重新踏上了陆地,回到了赖以生存的高度空间。

我望向显示宫缩的仪器,荧绿色的数字在疯狂上涨,而我身体里的疼痛,仅仅跟痛经差不多,几乎是快感般的甜蜜美好。我忍不住喜极而泣,如同一个被特赦的死囚,也许这就是人们说的,宛若新生一般的感受。

负责生育的那部分身体已经与"我"分割开了,我暂时把它出租给了生育女神,任由她用上各种暴戾手段最后催熟果实。现在的我,由腰以上的身体、清晰的意识、幸福的滋味、重获的自控能力、人的尊严构成。

因为无痛分娩技术,人类繁衍因此告别野蛮,步入文明,如果没有它,孩子出生前这个漫漫长夜,我将被地狱之火炙烤上一夜。

现在,我就像《权力的游戏》中的龙母,她怀抱巨大龙蛋步入熊熊燃烧的柴堆，烈火将夜空舔舐得一片通红，死神渴求她疯狂地惨叫，而当明天的太阳升起，浓烟退散，寂静焦土之上，她将毫发无伤地怀抱着烈火与血统赐予她的龙子，神迹般再现于世——感谢无痛分娩技术，让每一个女人都有机会成为丹妮莉丝·坦格利安。

但这种神迹般的"魔法"遭遇过许多质疑，普及过程中谣言四起、阻力重重。仿佛女性在分娩中体验惨绝人寰的痛苦是正当且必要的，凡是减轻分娩痛苦的手段都是违反自然的，不该被采用。

我看过一个真实的新闻，某产妇被医生判定顺产分娩难产风险大，她一边忍受阵痛一边哀求赶快剖腹产，但她的家属坚决不同意，认为未经产道挤压的孩子"不聪明"，最终产妇在失望痛苦之下万念俱灰，跳楼自杀。

我意识到，生产真正令人害怕的并不是肉体的疼痛，而是在这个过程中，一个女人成了复杂生育文化的载体，她因暂时失去身体以及生命的控制能力而惶恐无助，她和她孕育了九个月的孩子可能被人为地置于利益不同的对立双方，或许她还会因看到亲人最赤裸的心底而悲怆绝望。

我与孩子合体的这最后一夜，机器泵不断往我的脊椎里注射麻药，发出一声拖长的"呲~"，每隔几分钟就响一次，悠悠地切割着寂静的时间。

翻身很困难，一堆管子和线很难摆布，双腿被麻醉得像两根灌满水泥的沙袋似地捆在身上，软塌无力，异常沉重，几乎无法靠自己挪动。躺着用吸管喝水，胃里进了不少空气，腹部胀痛反而比阵痛更难受。我怀着感激的心情，捱着这个并不好受的夜。

半夜助产士来了几次，来查看宫口开了几指，大约早上4点，她掀开被子一看，告诉我已经破水了，并让我做好准备，早上6点迎接正式战斗。

孩子的出生时间就这样被预言，她将会像我一样，出生在夏日的早晨，一切井然有序，计划周到，在麻药的帮助下，我变得镇定。

我看过有人描述产妇"生完孩子两腿之间血肉模糊"，我知道我的孩子经B超判断有点大，我曾非常害怕，这会儿，那股霸占脑海的惧意却消失了踪迹。

这就像初次上战场的士兵，前一夜还在战壕里瑟瑟发抖痛哭流涕，第二天骑在马上驰骋冲向敌人时，在一片厮杀声和血泊中，却诞生了一种麻木的勇敢。我惊讶地意识到，我怕的是那骇人的疼痛，而不是肉体的撕裂破损。

如今，我祈求赶快从巨肚的压迫下解脱，我极度想念我曾拥有的那种轻盈的地心引力，我渴望做回"一个单独的人"，但我知道我再也不可能是一个单独的人了，我这一生，今后将和孩子被隐形的巨大力量紧紧捆在一起，但无论如何，这九个月一路走来诸多不易，这趟运送珍贵货物的旅程终于到达终点了，我竟还有些不舍。

这一夜，我大概只睡了半个小时。早上5点，喝粥补充体力，我的心脏突突跳，食欲低到几乎没有，丈夫给我买来能量饮料，就像给汽车加油一样让我咕咚灌了几大口，我紧张得连味道都尝不出来。

吃东西时，助产士在旁边做准备工作，她把无痛分娩的麻药剂量调小，把我躺的床的床尾降下去，接着指挥我仰面躺好，分开双腿，摆好姿势，不知不觉中，我就开始生产了。

宫口已经开了十指，十根手指并在一起那么宽的直径，我简直无法想象，我的身体能打开到这种程度。失去麻药的保护之后，阵痛再次张牙舞爪地袭来，我又觉得自己的灵魂要离开肉体飘走了。

我向助产士表述了我的疼痛，她说："我教你用力的方法，在阵痛开始的时候，你就按我说的使劲用力，疼痛感就会被抵消掉。"

她教我朝天花板的方向用力，想象着要把孩子"发射"到天花板上，阵痛间隙深呼吸，然后憋一口气，在用力时吐出来，我试了几次，疼痛果然减弱了，颇有些神奇。

掌握窍门之后，她让我不要吝啬一丝力气，用全力拼搏。昨晚给我印象温柔娴静的她，突然扯开嗓门洪亮高昂地大声喊起号子来，我被猛地一激，突然意识到，我正处在一个非常关键紧急的时刻，这是我庸庸人生中最重大的时刻之一。

我与助产士，一个使劲儿生，一个使劲儿喊，另外一个护士托着我的右脚，丈夫托着我的左脚，要不是他在阵痛间隙给我递水，我差点注意不到他在这里。

在这种时刻，我莫名其妙地全身心信任起女性来，我把一切托付给了她们，她们似乎掌握着我所不了解但正跋涉其中的生育王国的所有秘密。这情形简直像在现代化医院里进行一项古老的仪式。

在我头晕眼花之际，一个氧气面罩扣在了我脸上。我近视几百度，生孩子不让戴隐形眼镜，视野一片模糊，周围人影晃动，耳畔响彻着助产士嘹亮的喊声，还有我自己急促的喘气声，头顶的灯光白晃晃一团，天已经亮了，而我却如坠梦中。

我一直配合着号子使劲儿，却感觉不到进度如何，孩子到哪儿了，不知是因为麻药，还是本应如此。

助产士站在我那巨型肚子的后面，我虽看不清她的脸，却能感知到，她的注意力在我的两腿中间和胎心检测仪之间来回移动，观察事态，全神贯注。她有一种紧张感，但那来源于对待工作的态度，并非来源于我，我便知道，到目前为止，一切进展顺利。

"这才过去半个小时，咱们就已经生了一半了，很棒！用力很正确。"助产士说，"我本来预计咱们得两个小时，现在看来一个小时就能结束战斗。"

我趁着歇口气的工夫望了丈夫一眼，他站得最近，是我唯一能看清楚的面庞，他能观察到我两腿之间的情景，他比我更了解生孩子是怎么一回事。

他的神色看不出是喜是忧，脸色微青，比平时紧绷许多，表情严肃得就像我中学时的教导主任。我不知道男人在陪产之前是怎么想象这种时刻的，但我觉得他看到并感知到了一些他本来没料到的东西，他正在接受、理解、消化，我丈夫的内心正在经历他一生中的关键时刻。

"看到头发了。"他动动嘴唇跟我说，语气仿佛想是让我安心，我却突然很想笑。

看着孩子一点点从血肉里钻出来，估计恐怖诡异之感大过当父亲的喜悦，一时间，他恐怕被眼前的景象震慑住了。昨天我又怕又叫的，他轻松愉悦地跟我打着趣，今天换成他面色如铁，我反而冷静自若了。

身为女人，从一怀孕，或者更早，从一懂事，就从各种渠道和印象中得知了生育的面目是残忍的，我们用几十年外加九个月的时间去做心理准备，去明白，去接受，伟大和残忍，爱和痛苦，新生和死亡，是紧紧拥抱在一起的，我们在生孩子之前就无数次想到过这一时刻了。但我们的丈夫，也许从没有思索过生育，哪怕孩子生出来了，他们成为父亲的真实感，兴许都还没有酝酿出来。

我的孩子正在离开孕育生命的浮世，向光向我而来，她此刻必然也在沉默地忍受着极大的痛苦。

她住了九个月的舒适房子，现在变形扭曲，疯狂地绞动着，排挤她，推搡她，她赖以生存呼吸的羊水，由清亮变得浑浊，并且即将干涸。她将以头骨挤压变形为代价，耗尽九个月积蓄的力气，艰难地旋转身体，调整姿势，通过母亲狭窄的骨盆和黑暗的身体，来到人间。

母亲和未出世的孩子之间的感情很特殊，我们保持着某种旁人不可知的私密联络，就像通过海底通信光缆连着的异国网友一般，今天，我们就要正式见面、拥抱了。

"接下来你要这么用力，跟刚才不一样，不要猛地用力，注意啊，我教你……"我聚精会神听助产士指示，试着摸索实践。

突然，助产士语调一沉，用一种奇异的喊叫大声催促我："用力，使劲儿，别省力气，使劲儿用力！快！"

我憎然不解她为何突然转变，当我用力时，脑袋里嗡嗡响，就像人在水面上一沉一浮，周遭的声音时有时无，我意识到我必须弄明白助产士的意思，于是高声喊道："不是说接下来不能用猛力了吗？我现在要像刚才那样用猛力是吗？"

"对对对！使劲儿！快！"我顾不上解读发生了什么，马上按她的命令，拼命往天花板的方向用力。

闭眼憋气用力—睁眼吸氧—闭眼憋气用力……一两个回合之后，我发现周围多了许多人。

托着我右脚的护士换成了昨天见过的产科大夫，本来产房里只有两个医护，现在多出四五个白晃晃的人影围住我，连大夫也加入了喊号子的行列，和助产士两个人此起彼伏地大声催我，喊号子的声音不再像之前那样洪亮稳健,而是焦急紧迫。

紧接着,一个护士健步扑到我右边,她身型矮胖结实,跳上床的速度快得令人害怕。我还没弄明白她要做什么时,已经被自己脱口而出的一声惨号吓了一跳。

从昨天进产房到现在,我还没有真正喊过,此刻泪水夺眶而出。她施与我的疼痛像闪电一样,只一瞬就将我劈焦。

"别喊了,都是为你好,疼也忍着!使劲儿用力啊!"护士大声向我传递信息,整个人跨坐在我肚子上,倒骑着,后背冲我,像是要镇压我体内的魔鬼一样。

紧接着,我感到她胳膊伸直,再次身体前倾,将全身重量与力气集中在手掌大小的面积,又一次猛击我腹部,五脏六腑随之传来破碎一般的剧痛。

我闭紧眼睛,眼泪止不住滚落,我知道自己无处可逃,这痛苦,这残忍,我必须在今天生生承受下来。

压腹的护士问托着我右脚的产科大夫:"还要再来吗?"

"再来!"

助产士喊道:"就快出来了!用力!"

我机械而准确地配合着众人,脑海中只剩一个声音:"朝天花板的方向用力。"

生孩子前我已经很久不进医院了,人太久不进医院,会产生一种错觉,觉得人生没有无常,生命固若金汤,人的意志可以随意左右身体,人的命运有迹可循,灾殃都是遥远的事情,就算发生也不会发生在自己身上，就算降临也不会降临在此时此刻。

我以前就是这种人，对世界有种深深的信任，有种毫无根据的主人翁意识，自我生孩子这天起，这种人生观就产生了裂纹。

此后，在我做母亲这条路上，我越来越敬畏命运。渐渐地，我知道自己成了一个没有光环的配角，成了一个忧虑谦慎的普通女人。生孩子对我而言，像一次毕业、一次退场，这标志着一段华年的逝去，一种精神的消弭，别人看不出来，或者只看到了我开启了新的面貌，只有我知道，自己的内心发生了多少改变。

产房四壁反射着白秃秃的色块，女人们紧张的叫喊声不停，她们是我的医生、护士，她们也是千百年前的接生婆。

来自四面八方的救援和攻击同时向我的身体施展，我不知道发生了什么，无人解释，我只清楚知道一件事，要么是我，要么是我的孩子，要么是我俩都遇到了危险。

疼痛在我体内狂奔，眼泪纵横在我的脸上，天已大亮，夏日晴朗的光线铺在晃动的人影上，这座产房仿佛不属于现实，而是另一个戏剧般的微型时空，我卡在了这里，感受不到时间的流动。

行驶在曾经的人生轨迹上的我，如一列火车被掀翻在路边，陈于荒野。

孩子出生时，我在那短短几分钟内领略了最为纯粹的喜悦感情。那是人生行途中偶遇的一小段世外桃源，没有忧怅，没有痛苦，注定不能久留，也无法再至。

新生命从黑暗的浮世中倾泻而出时,震颤人心的畅快与轻松传遍全身,一切痛苦突然停止,就如被雪崩淹没的火堆。

在我的直觉中,她就像一条滑不溜秋的鱼,随着瀑布泄下。在我体内的九个月,她浓缩了祖先鱼类进化成高级生命的进程,降生于世的一瞬间,完成了由水生到陆生的最关键一步。

焦灼紧绷了许久的肚皮之下,不再有柔软滚烫的果实,我变成了空空的、平静的果壳。

也许是因为疲劳脱力,也许是因为多日无眠,也许是因为连遭剧痛,意识好像一层薄纱轻轻罩在身体上,虽没有完全脱离我,也不能彻底清醒。我像个没上发条的玩偶一样,木讷地躺在原处,一动不动,感受着久违的舒服的躯体。

婴儿被护士迅速转移到了旁边的操作台上,她们围在那里,我一点都看不到。没有人再注意我,跟我说话,刚才的哄闹刹那间停止,就像话剧舞台上的一幕戏演完,打光灯挪去了别处一样。

我竟也没思考,经历刚才的险境,孩子怎么样了?我怎么样了?我心中只剩下原始本能的疑惑,为什么没人告诉我是男孩还是女孩?

几秒钟后,我听到了婴儿发出的第一声,那是毫不掩饰的、新生儿的哭声。

我的思维随之一振,高兴地转头望向丈夫,他青黑的脸色就像刚刚窒息了,在听到婴儿哭声的一瞬间,才好不容易透过口气,重又活过来。

而我的大脑此时进入了另一套操作系统——那是处在意识底层的,简单纯真,不忧不惧,想都没去想丈夫如此神情是为何。我只有些孩子般的不满,为什么没人和我说话?为什么没人告诉我婴儿的性别?

于是我怯生生地朝护士问道:"男孩女孩呀?"

简直不像在问自己的孩子,而像在问路上遇到的由一群女人带着的一个陌生孩子似的,对于这孩子,我此时一无所知,而她们知之甚多。

"女孩。"护士语气柔和地回道。

说完这句话,我发现她们从干劲十足的接生婆,变回了医生、护士。联结着我们的古老的生死同盟随之消散,产房里的时空回归冷静的现实,但我依然感觉自己躺在火车被掀翻的荒野中,躺在方才失控的轨道旁。

女人们把孩子还给了我,就像把小兽还给母兽,搁在了我的肚皮上。

她蜷伏着,温顺地贴着我,带着一点潮湿的触感,我浑身酥麻,把下巴抵到胸口,想要尽力看她,却只看清了她浓黑的、长度不可思议的头发。

我抬起手摸她,摸索到了她新鲜的手,柔嫩的脚,袖珍又健全,指头一个不少一个不多,我知道这手脚多么顽皮,不久前在肚皮里向我撒娇,踢得我直不起腰来。

和她贴在一起，我的骨头里充满柔软的泡沫，陶然若醉，仿佛飞上高高的夜空，目睹一城的灯光纷纷点亮。

就在我的上半身徜徉在初为人母的精神世界时，下半身娩出了胎盘，助产士像做针线活一样，开始缝合我的皮肉。直到孩子被拿开，那细致的工作仍未结束，除了牵拉的感觉，我体验不到疼痛，肉体像一块没有生命的布一样——因为已经疼麻了。

黎明的冲锋激战已然结束，我这个新兵，挺过了厮杀，受伤流血，结束了这场半像噩梦、半像史诗的战斗。现在不过早晨7点多钟，我一脸泪痕，一身麻木，脱胎换骨。

待到这时，才有人过来告诉我刚才究竟发生了什么。

大约半小时之前，助产士正要指挥我转变用力方式时，突然发现孩子排出胎粪污染了羊水，随之开始缺氧，胎心骤然下降。

胎儿缺氧时会先呼吸暂停，然后大喘气，含有胎粪的羊水被吸入呼吸道中，导致她呼吸困难，还可能会引发呼吸道感染、肺部发炎、肺动脉高压等疾病，使新生儿的死亡率达到30%左右。

所以当时必须争分夺秒地把孩子生出来，大夫和护士被紧急唤来是为此，猛力压腹也是为了抢救我的孩子。现在孩子已无大碍，但还需要输三天抗生素预防感染。

丈夫在一旁听罢，告诉我："孩子生出来的时候身上带青紫色，你没有看到，抱到旁边捅了一下嗓子，才喘上气，哭出来，身上才变粉。"他边说边深吸了一口气。

"我差点以为完了。"他的语气松弛疲累，微微颤抖，透露着劫后余生的庆幸。

我方才麻木勇敢地冲锋陷阵，如今被后怕的凉意激起一身鸡皮疙瘩。

我母亲宋女士曾说过："女人生孩子就像马在水缸上跑。"我日夜不停地跑了九个月，随时感受着命运女神沉默的注视，逼近的气息，最后关头，最后一脚，我差点踩空。

如今终于尘埃落定，我就像耍完一套高难度危险杂技的演员，深深谢幕，越过欢呼的观众人潮，目送命运女神从剧院门口悄悄离去。

旁边躺着我运送了九个月的宝物——我女儿，在我人生所使用的无数词汇中，"我女儿"首次出现，我默念咀嚼着这个陌生的语言，打量着陌生的她。

我本来做好了她很丑的心理准备——因为我听说新生儿都像"外星人"，她却一点都不丑。饱满的轮廓和我在B超检查单上看过的一模一样，那时她的影像苍白如月亮，现在泛着美丽的粉色。

她睁开了眼睛，回望我，眼眸明亮如珠。

像脱轨掀翻的列车一样陈于荒野的我，凝滞不动的我，被一股力道猛地一拽，飞一般地回到了轨道上，时间又开始了流动。

在那一刻，我正式成为母亲。

这旅程的起点，犹如一首古老的诗——

在你降临世上的那一天，

太阳接受了行星的问候,
你随即永恒地遵循着,
让你出世的法则茁壮成长,
你就是你,
你无法逃脱你自己,
师贝尔和先知已经这样说过,
时间、力量都不能打碎,
那既成的、已成活的形体。

——歌德

**描绹说** ▸

这篇文章写于我生完孩子快一年时,为了还原整个生产过程,力求将每个真实细节纤毫毕现,我调动五感,重新回到那个夏日清晨的产房里,像一个出窍的魂灵一般,观察、穿透、守望着躺在产床上的女人——那个曾经的自己。

当最后一个字落下时,我手心、额角都是汗,犹如又坐了一遍生孩子的过山车。

有一位妇产科医生读到了这篇文章,她名叫胡鲤,从医生的角度肯定了这些文字的精准度,她说:"我是妇产科医生,经常看到分娩过程,但是因为学医人都是理科人吧,不能把分娩时犹如坐从天到地、从地到天的巨型过山车般的感受精准描述出来，所以看到这篇文章精彩又精准的描述，太痛快了。很幸运，大人孩子都活着，而且是健健康康地通关，太好了！"

　　我想在这里谢谢胡医生，她的这段话让我感到幸福充实。生产早已成为纪律严明的仪式，女性的身体受到监督和保护，但在这个过程中的心理感受，仍是一片真空，所以通过自己的力量提供一段真实精确的女性心理资料，一直是我的愿望，希望我做到了。

# 7

# 没一个妈妈，可以平衡工作和孩子

女性生育后再度步入职场，意味着成为"职场妈妈"，人们通常会祝贺她"复出""重出江湖"。

为孩子欢呼祝酒的节日很多，满月、百天、周岁……而单独祝贺妈妈的，只有这一个。

当我生了女儿重回职场时，也收到了"复出"祝贺。

彼时我就像一名还俗人士，刚从深山老林修行归来，也像去远方打完仗，带着伤痕返乡的士兵。我蛰伏在生育之地的那几个月，人们似懂非懂，不会深究，但无论如何，我的回归，值得一点敬意，一点仪式感。

现代社会的女性，都被要求着做那高超的演奏者，我也不例外。

从我得到"复出"祝贺那刻起，我意识到，琴盖打开了，我拖着又长又沉的裙子，隆重地坐到了琴凳上，准备开始演奏。

我理当拥有瞬间洗尽生育痕迹，恢复原本生活节奏，切回原来的调子，无缝衔接的技艺——就像从来没生过孩子似的。走形、走调……若我弹得差劲儿，可能观众席还会响起刺耳的嘘声。

此刻，时间已过了晚上11点，我1岁多的女儿猫顺刚刚被"放倒"——这是我家哄睡孩子战斗中使用的"黑话"。她发出安全、均匀的呼吸声,就像好莱坞电影里被麻醉枪放倒的霸王龙。

制服她之后,我直直倒下,失去了动弹的力气。

空气中回荡着这头小兽抵抗入睡时的咆哮余波,一种打斗过后的酸痛与滞重,胀满我周身。

我与对手——我的"复出生活",激烈地搏斗了一整天,现在我将通过短暂的休眠,冷却一下过载的身体和大脑。明天,我女儿会和太阳公公同一时刻精神充沛地起床——虽然她不属鸡,但她身体里有个无比精准的闹钟。

我已经很久没有"满血"过了,每天早晨上场搏击的时候,我都深深怀疑,会不会在这天被彻底干翻击垮?每天晚上,血槽不但清零,而且几乎变成了负数。短短几个小时睡眠,就像拳击赛回合间休息时的几下按摩,我靠这个支撑到了现在,还能不断登上擂台,不可谓不是一个奇迹。

看着孩子熟睡的脸,我就像一个满腹疑虑的新婚女子,躺在丈夫身旁,看着那张婚前婚后都令人"血脉偾张"的脸,陷入了对生活的思考和复盘。

我想,是时候谈谈我的"复出生活"了。

## 1 离巢

几个月前,我自以为离开家之后,便从育儿的混沌战场中解脱出来,可以饱饱地吸收一下成年人的职场气氛。

然而空气甜美了没多久，突然间，一种糅杂了乡愁、相思、幻肢痛、精神药物戒断反应的感觉，向我发起袭击。

我感到自己的一部分被剥离出来，留在了家里，那部分正以我女儿的形状，在家里震颤着、哭泣着，召唤我，渴望和我重新合为一体。

我很快明白了这是怎么回事。

信号的发源地是我的家，我像一部被连续拨打的手机，"嗡嗡"个不停。唯一安静下来的办法，就是立刻回家，抱住我女儿，让信号中断。

在女儿出生后，我们依然互相嵌合，作为一个系统，一个共生体，进行能量转化、信息传递，昼夜不停运转。被非自然地剥离后，我成了职场妈妈，女儿成了在家等待妈妈的宝宝，我们身上残留着彼此的组织和信息。

在我"复出"前，我们一直蛰伏栖息在家中。家里被共生体编织出的千丝万缕的磁场填满，是一个危险又甜美的巢穴，纵然离巢，我不能摆脱那里的法则，依然能嗅到巢穴的气味。即使在我不受剥离感困扰时，共生体法则仍在奏效——我在办公室里意识到自己没有想女儿时，不是轻松，而是歉意。

我就像书中那些陷入激烈爱情的人物，曾经那些人物让我觉得，爱情中的人仿佛患了疾病、受了重伤，他们缺失了一些必要的部分，所以必须和另一个人结合，形成新的自我，才能使这种激动的痛楚平息。

曾经我可怜、不赞成这种过度的情感，而如今我正在品尝同样的痛苦。

我对女儿难以抑制的冲动激情，赋予了女儿一些神性。

她就像，我因为无知寂寞，用泥巴捏出来的娇小女神像，我把她从虚空中召唤出来，作为创造者，我反而向她跪拜、献祭。

这位女神对我的专制统治，远远超过我对她的。

她从孕育生命的浮世中，带来了神圣与神秘，这些将会随着成长，逐渐失去，她会一步步堕入凡尘，成为俗人。这是一条无比艰辛的路，她需要我献上无尽的能量帮助她、陪伴她，毫无保留地皈依她。

做母亲无异于一场地震，让我破碎、溶解，失去了自己的稳定性。我再也没有之前那种独立感，无论我怎么弹奏，都有一个尖细嘹亮的调子跟着我，我必须使出浑身解数，配合新生的声部，让她融入我原本的弹奏。

我始终难以平静，和女儿分开时，我不完整，而和女儿在一起时，我更加难以维持自己的边界和形状。

我的离巢，不忠地出走，触怒了女神，所以剥离感作为惩罚降临在我身上。

此刻，我躺在我的另一部分、我的小女神身旁，我们肉身贴合，呼吸和体温同步。我就像一台机器——匹配对了充电口，在黑暗中发出电流声，稳定而满足。

## 2　狩猎与哺育

如今，剥离感已变淡很多，很少强劲发作。

又或许它并没有离开，而是目前有另一种强悍的矛盾，登上了生活的主擂台，让我无暇顾及其他对手。

在熬过了生命初期的完全无能后，我女儿很快就驱动着肉体，冒失地活动起来，紧接着开足马力，开始横冲直撞，向物质世界发起挑战。

她的灵智也随即飞速点亮，她原先黑暗一片的大脑，就像开业前的迪士尼乐园，现在缤纷多彩的灯光一片片点亮，不断有烟花冲上天空绽放。

如今，我和她的共生状态不再是简单的肉体联结，她不断地发生演变，催促着我响应，使我重塑自己。

随着我和女儿的肉体越来越疏远，她的精神世界，像地图上刚刚标注出来的一大片广阔新大陆，等待我去开荒、耕耘、填满秩序与文明。

从这个阶段开始，我对她做的事，说的话，我提供给她的养分，不管成分优劣，不管是不是我想给她的，她会像干枯的海绵一样吸收，我往往毫无防备。

现代无处不在的专家、媒体、育儿书，对如何做好父母，给出了细致指导和严格标准。当我饱读一番人类在育儿上总结的智慧与技巧后，我发现在做母亲这件事上，我不仅仅会受到外人的评判，我自己也无可避免地成为自己的裁判。

做母亲的一生，将会是亏欠的一生，因为我知道，怎样做才是对孩子最好的，而我总是无法做到最好。

每次我在公众媒体上看到"职场妈妈"这个词，不出意外，会紧跟着"平衡工作与孩子"的话题，这让我意识到职场妈妈的虚弱。

我越来越感到，一个女性的正常能量，根本无法同时负担两者，几乎所有职场妈妈，都是通过加剧燃烧了自己，营造出"平衡"的假象。

在探讨"平衡工作与孩子"此类话题时，媒体通常不会提到一个真相——女性生育后，她的工作往往就不再是完全正当、正义的。

如果她因为工作，疏于照顾孩子，她很难得到"妈妈评价体系"的谅解，无论她赚多少钱，事业是否成功，在这个严苛的评价体系中都无法被网开一面。并且，她往往不得不加倍"弥补"家庭，回到家，她主动或被动地承担了更多的家务和育儿劳动，这些劳动被划归为不计报酬的家务劳动，就像是被隐形了。

这种境遇几乎不会发生在父亲身上，相较于母亲，父亲的工作正当正义得多。

母亲就像杂技演员，口里含火、手中抛球、脚下踩轮，卖命地在原地打转，表演平衡之术。与此同时，父亲依旧在笔直的跑道上，迈开双腿前进。

这种状态存在于很多家庭，如同房间里的一头大象，因为过于巨大、沉默，变成了理所当然。

我感到自己进入了一个早就准备好的笼子，它从我童年时代就开始试图捕捉我。

当我还是个小女孩时，就看到在我未来的人生路上，在学业、事业、婚姻后面，张贴着一位模范女士的海报。

她踩着高跟鞋，胸前挂着婴儿，一手拎着文件包，一手拿着奶瓶，画面背景硝烟滚滚，她却妆容精致、自信焕发，海报上写着"超能妈妈"。用力再瞧瞧，画面背景里还有些画得很小很远的人，这些人也许是她的亲朋，面目模糊，都在为她拍手、竖大拇指，把画面烘托得鼓舞人心。

我从没思考过，成为"超能妈妈"那样的人物，需要付出什么代价。

我有一种不知哪儿来的笃定，觉得自己只要按部就班地往前走，迟早有一天，自然而然地，我会成为她。这种笃定不加思考，近乎一种本能。

当我终于迈过学业、事业、婚姻，来到门前，门上张贴着我从小遥慕的，那位模范女士肖像，我走了进去，发现里面等待我的，是一个巨型仓鼠笼。

我上去踏了起来，笼子转动，然后再也无法停下，就如童话中穿上了红色舞鞋的女孩，这舞蹈必须跳到世界末日方能休止。

当办公室里的第一轮工作结束，回到家，第二轮育儿工作开始,职场工作的休息日,则是母职工作的全天工作日。散漫自由的时间,从此终结,生活变成永远写满待办事项的日程本,变成无法停止奔跑的真人生存游戏。

疲惫的中年时代,如夏日暴雨,一瞬间消灭了晴日,席卷了一切,主宰了天地。

人们往往把母亲刻画成理性刻板、神经兮兮、喜欢发号施令的形象,他们从不主动说明一个真相,那就是诗意、浪漫、幻想、活泼、温柔需要大把漫无目的的时间去滋养培育,而母亲是全年无休、永不退役的军人,她们剩余的可怜时间,仅够她们短暂地靠在战壕里喝杯咖啡而已。

有时候,我感到自己毫不浪费地燃烧了生命,我精疲力竭,自怜又满足,就像刚刚拯救了地球的超级英雄。

而更多时候,情况有些糟糕。

2022年"特殊时期",女儿刚过1岁,没有任何自理能力,老人发烧隔离,我在家办公,常常不得不暂停工作,去安抚号啕的女儿、去做饭,或者放下还在哭的女儿,回到电脑前回复不断@我的工作消息。

有一天,我唯一的帮手丈夫不在家,我已经连续好几天加班到12点以后,感到头晕恶心、烦躁焦虑。

电脑不断发出工作消息提示音,女儿刚刚爆哭过一场,随时还有再发作的可能。我陪她坐在沙发上,声情并茂地读绘本,试图安抚她。当我捏着嗓子学小鸡球球说话时,看着铺得满地的玩具，我走了神，然后蓦地流下一行眼泪，紧接着变成控制不住的抽泣。

那是我在女儿面前，第一次情绪完全失控。

她对母亲有着超乎寻常的敏感度，她浑身长满了肉眼不可见的触角，随时捕捉母亲发出的信号。

我的任何一丝不耐烦与不高兴，都会被她捕捉到，假如我在陪她时不是全身心投入，假如我心猿意马，她会焦躁不安，无法专注于眼前的书或玩具，会更加难以安抚。

所以母亲的崩溃往往都是瞬间出现、结束。

我曾经精神充沛，充满活力，如今却常常感到身心在极限边缘游走。我就像一名年迈的拳手，肌肉已经萎缩，神经已经迟钝，却为了生计不得不走上擂台。白晃晃的灯刺痛着眼睛，我喘着粗气，大汗淋漓，战斗开始没几个回合，我便脚步凌乱，体力不支。

我有时只顾防守，有时胡乱出拳，有时咆哮怒吼，有时被打倒在地，天旋地转一会儿，然后起来，继续搏击，继续流血。

我内心混杂着倦意、怒火、担忧、恐惧，还有剧烈的爱，还有做母亲的珍稀甜蜜。我被这些情绪巨人互相丢来抛去，玩弄戏耍。我的心像被海浪反复拍打的礁石，在痛苦中发出混杂着幸福的鸣叫。

在育儿中我有可靠的帮手，可我依然不可避免地滑入了筋疲力尽的境地。

因为女儿这只机敏的小兽，能发觉谁对她最有耐心，谁的陪伴最有趣、最专注，她会坚定地选择对她最有利的人陪着她。随着她语言能力的发展，她变得越来越强势。

当我回到家刚刚坐下准备吃饭时，她会撕扯着我的衣服说："妈妈，拉手，走，玩。"要我起来，不达目的不罢休。

当我在卫生间时，她会在玻璃外面拍门，震天地号啕："妈妈，开门！"

当我筋疲力尽时，她如果还没有困意，就会坚决不允许走哄睡流程，会更加变着花样提需求，让我满足她，一旦我走开，她会爆发出被抛弃般惨烈的哀鸣。

她还没到能听懂道理，懂得如何爱人、心疼人的年纪。在一个不满2岁孩子的世界里，爱便是极致地占有、霸道地控制。她给母亲的爱，是母亲还是年轻无知的少女时憧憬的——霸总式窒息的爱。

她不知道，母亲现在既不想被她缠着，也不想过二人世界，我最渴望的，就是一个人待着。

现实中我能挣扎得到的自由仅限于，每天在回家前，在楼下待一两分钟，望望天上的星星，听一首歌，再上去，就像一头外出巡视狩猎一天的母熊，坐在洞口的石头上，啃条鱼，静一静，再回去面对一窝能量充沛永不疲倦的小熊。

## 3　分裂

复盘了生活中的两种主要矛盾后，我想起另一种很微妙的裂缝。

它就像一个不起眼的蚁穴，不会引起丝毫注意，藏匿在深处，积蓄着破坏的能量。

女人们往往都是先成为妈妈几个月，然后再把自己改造成职场妈妈。职场妈妈并不是我自然演变成的角色，她更像闯入者。

她踩着高跟鞋，雷厉风行，进入满地尿布的育儿房——里面待着蓬头垢面、袒胸露乳的我，她让我赶紧收拾东西离开，不要回来。我不想离开，因为母性世界还需要我，但职场妈妈迫切想要掌权，想要将不合时宜的一切驱赶出去，她想要在我的世界中获得权威，扎下根来。

在职场妈妈眼里，我是一个不折不扣的异教徒。

她崇拜信仰商业社会的神祇，而成为母亲的我自动领受了母性的洗礼，她和我的教义到处都相反互斥。

商业社会效率至上，而育儿更像牵着蜗牛去散步；商业社会追求立竿见影，而教育只能一点一滴、天长地久施予影响；商业社会需要绝对理性，而孩子的需求往往是最感性的；商业社会是一个个微小的零件工具"人"组成高速运转的集团，而养育孩子必须面对一个大写的"人"。

职场女性在硝烟滚滚的商业社会，训练出的手段与素养，对母性世界而言，反而是无用的。假如我让来自职场的她完全取代我，让她把应对职场的那一套拿来教育孩子，我的女儿很可能会受到伤害。

来自职场的她和我，有不同的记忆、性格、表情、语气、思考方式、做事方法，然而她的到来势不可当，后来我割地给职场妈妈，终于将她安顿下来。我必须习惯大脑被切割成两部分，每当切换角色时，都避免被另一个她越俎代庖、指手画脚。而且往往成功演好其中一个角色，意味着缺席另一个角色，甚至演砸另一个角色。

两个女人偶尔会互通电波、互相影响，关系复杂。有一次，女儿病了，我的第一反应竟然不是担心她，而是担心自己被传染，因为当时正处在工作最忙碌的时期。这个转瞬即逝的想法让我感到羞耻、割裂。

我感受到的这些矛盾，在孩子父亲身上极少存在。

女儿同时将我们加冕为母亲和父亲，使我们具有权威与荣耀，我时常觉得，我女儿给她父亲加冕的那顶王冠，铸造材料过于单一轻盈。

在父母的世界里，我是一位守卫王国的女王，政务缠身，心思缜密，充满浩然之气，头戴神圣王冠，手握权杖，渴望拓展疆土，渴望子民爱戴。

而女王的丈夫，他就像某位亲王，状态似乎有点游离，履行着他的义务。

## 描绰说 ▶

最近我重温了意大利著名小说《那不勒斯四部曲》,我在不同的人生阶段重温这套书,每次都有不同的感受。

曾经我最爱读的是第一部《我的天才女友》和第二部《新名字的故事》,对应主人公的童年、青春时代,这次我在第三部《离开的,留下的》中,驻足良久。

步入中年的女主角埃莱娜迎来了第一个孩子。孩子"晚上从来都不睡觉",埃莱娜筋疲力尽,丈夫彼得罗习惯在夜间学习,因此她尝试将孩子交给彼得罗照料一夜。她累极了"躺在床上,一下子就睡了过去,简直像失去意识般",半夜她被孩子绝望的哭声吵醒,她起身查看,发现彼得罗将孩子的摇篮搬到书房,他"在那里埋头工作,就好像聋了一样""他没太关注孩子哭得撕心裂肺"。埃莱娜失去了控制力,用方言狠狠地骂他。彼得罗却"冷冰冰地、非常默然地"让埃莱娜带着孩子的摇篮,一起从书房出去。

再后来,彼得罗的母亲来帮忙,婆婆找来一位二十出头的姑娘帮忙收拾家里、买东西和做饭。彼得罗发现之后,非常不耐烦。

"我不想家里有奴隶。"彼得罗说。

"她不是奴隶,我们付工资给她。"婆婆说。

"那你觉得,我应该当奴隶?"埃莱娜忍不住问了一句。

"你当母亲,而不是当奴隶。"

"我给你洗衣服，熨衣服，打扫卫生，给你做饭，给你生了孩子，我还要千辛万苦把她养大，我要崩溃了。"

"谁强迫你了，我什么时候要求过你？"彼得罗反问道。

这个片段里的彼得罗是令人窒息的，但在书中，他是一位出身学术名门的大学教授，比起书中其他男性角色，他要文明、绅士得多，至少他在"见到女士时，会起身向女士问好"——在埃莱娜出生成长的那不勒斯旧城区，没有男人会这么做。

彼得罗与埃莱娜从小认识的旧城区男人——暴力、无知、不尊重女性，在此之前可以说是云泥之别，但他后来依然选择无视日复一日的家庭劳动给妻子带来的损耗，在彼时的意大利知识分子阶层眼里，当夫妻双方均有工作，妻子理应承担繁重家务和照顾孩子的责任。这对小说家埃莱娜来说，情况更糟糕，因为她在家工作，所以被视为母亲的"理想工作"，人们默认她有更多时间和精力可以照料孩子。

看这本书时，几个问题不断浮现在我脑海——

书中的故事背景是在二十世纪六七十年代的意大利，在如今的意大利，母亲们的境遇得到改善了吗？在今天的东亚文化背景下，母亲们的境遇比意大利好多少？

《那不勒斯四部曲》全球畅销，这也许能说明，其中体现的女性困境不只是意大利的，更是全世界的。如今它已经被HBO拍成了电视剧《我的天才女友》，在这里，我想把这套书和这部电视剧推荐给大家。

尾声

如今我流失了许多原本的领土与权力。

人们常说孩子的成长只有一次,我现在才深刻体会到这句话的含义。

女儿的大多数成长瞬间,我只能通过他人的消息来得知、想象。女儿的成长轨迹在我心里出现了断层、跳跃,那些我没能亲自收集的珍贵瞬间,再也没有机会看到。

我曾经拥有女儿全部的身心,如今她最依赖的人,已经成了家里的老人。她虽然喜欢与我玩耍,但她感到害怕的时候,会猛地丢开我的手,奔向她最信赖的人的怀抱。

我经常想象,没有我的一天,女儿是如何度过的。我会想象她吃的食物、玩的玩具、去的地方,我担忧世界暗藏危险,而她太柔软脆弱。

当我工作时接到家里的来电,会心头一紧,心跳加速,担心女儿有什么状况。当我听到她哭了、伤了、病了的消息,我感到巨大的无力和无助。

女儿已经会表达"喜欢妈妈""妈妈好看",她的眼神里含着羞怯和浓浓的爱意。那些亮晶晶的时刻,如同月亮拨开暗云,澄辉直击人心,令我贪恋不已。

我恨不能把自己的所有给她,而我又太贫瘠。

意外的是,我获得了一份独属于职场妈妈的礼物——

早晨,我准备出门去上班,这时,女儿以一种婴儿特有的,笨拙又神气的姿势跑出来。

她从后面抱住我的腿,紧紧贴上来,矮矮的、重重的,温乎乎的,刺刺的,像只小熊一样。

而后,我迈向文明的世界,小熊在我身后,山洞的门关上了。

彩蛋——成为父亲

在我为出版做准备，整理书稿时，不得不注意到一件事，我丈夫小王，他在书里的戏份实在少得可怜，存在感若有似无。

书里的人物（包括一只猫），都比他登场华丽，更富有戏剧冲突性。比起他们，丈夫就像京剧里青天大老爷升堂时，立在一旁拿板子的侍从，笔直站着，手叉腰，多数时候纹丝不动，也看不出喜怒哀乐。

生旦净末丑，轮番上阵，在他前面一个个翻筋斗、耍洋相、弄口舌、诉冤恨，他呢？偶尔亮开嗓门喊几声"威武"，或神气地换个走位，像戏台的流动背景，十足是这台上的龙套，好似在场，又好似不在场，宗旨是不出头，就不会出错，有点表演欲，但又怕吸着观众老爷的注意。

不只我丈夫，这世上许许多多的父亲，在生育中，在家里，扮的都是这个角儿。

我呢，是这台上唱得最哀婉动人的女主角，台词一大段一大段，让观众们又喝彩又抹泪，当然也有"嘘"的。唱罢了，我转身一瞧，竟吓了一跳："嗬！官人，我竟忘了你也在这儿呢！"

眼看要谢幕了，哪儿能这样让他悄悄溜走呢？何况丈夫在生活中，实则是个妙趣生动的人儿。

我想我要把他拖住,让他给观众们再走两步,再唱两句,唱掏心窝子的肺腑之言。这样大家以后再看到这样的角儿——家里妻娘老小在前面唱得精彩卖力,他立在一旁当背景龙套——就会心里哦的一声,然后想:"他也不是木头,他心里可丰富着呢!"

如此,不只是我丈夫,许许多多的父亲便在人们心里活了。

为着这个打算,前几天夜里,我和丈夫进行了如下对话。

"我想在书的最后,加一章成为父亲的内容,让人们看看父亲的心理世界,你觉得怎么样?"

"嗯,这主意不错,但是我不会写文章呀,你写吗?"

"我哪儿知道你心里想的什么。"

"那怎么办?"

"要不我来提问题,你来回答怎么样?"

"可以,那我试试。"

丈夫摁着踊跃的心情,平淡地回答我,眼睛里兴味浓浓。

拿到问题以后的丈夫,戴上耳机,放上摇滚,在五迷六道——我听摇滚一直是这个感觉——的狂野乐声中,他开始回顾往事,叩问自我。

他时而眉头紧锁、托腮凝思,时而噼啪敲键、字如泉涌。为描述父亲的内心世界,他在电脑前一连坐了好几个钟头——当父亲,我都没见他这么投入过。

接下来,我把台子让给小王,感兴趣的观众请入座。

问：用一个词或一句话形容当父亲两年的感受？

答：曾经追悔莫及，现在似乎看到了一丝曙光。

问：孩子出生当天，你有什么感受？

答：比较复杂，有如释重负，有对未知的兴奋，也对妻子多了一种敬畏。

问：你是在哪个瞬间，突然意识到自己是一个父亲了？

答：怀孕最初的几个月是没什么特别感觉的，到B超能看到胎心，甚至脸部轮廓的时候才渐渐进入状态。

问：在妻子怀孕时，你对腹中的胎儿是什么感觉？孩子出生后是什么感觉？现在又是什么感觉？

答：怀孕时没什么感觉，也就是隔一段时间去产检B超显示器上见一面，有点像老婆肚子里有个水族箱养了条大娃娃鱼。

出生后的头几个月感觉是在养个国宝级小猴，还非常难养，工作量极其巨大的那种。

现在感觉已经初具人形了，有时会惊讶于她新学会的本领，或者为她思维的进步感到欣喜。

问：这两年，孩子给你带来的最大改变是什么？

答：思维有所改变，像是脑子里自己拨了个开关，多了一些爸爸式思考方式。

比如有时自己会胡思乱想，如果孩子问起我××事情、××道理、××原理我该如何回答。该如何把我所理解的东西传授给她。

而进一步又会想到，我能给她的答案未必正确，又未必是她这个年龄能理解的，是不是应该让她自己探索答案。

问：孩子给你妻子带来的最大改变是什么？

答：体力脑力的全方位打击，被消耗了青春活力。但又多了一份成熟女性的生活智慧和意志力。

问：你认为当父亲这件事对你最大的挑战是什么？

答：耐心受到了极大的挑战，有段时间感觉孩子太烦了。我平时算是比较稳定放松的性格，从来没这么烦躁过。

问：你认为当母亲这件事对你妻子最大的挑战是什么？

答：体力受到了极大挑战，孩子像个泼猴儿一样，还喜欢黏着妈妈。仿佛妈妈是唯一能降服她的观音菩萨，其他人不过是些虾兵蟹将。

同样的事情从我嘴里说出来孩子坚决不从，从妈妈嘴里说出来孩子有时就愿意配合，妈妈似乎掌握了某种和孩子通信的密码。

问：孩子有没有闯入、威胁你原有的生活？

答：怎么舒服怎么来的日子肯定是没有了，没办法的事。

问：现在孩子完全嵌入你的生活了吗？或者你完全接受孩子嵌入你的生活了吗？

答：还有的选吗？好在我并不是孩子的第一选择，万幸她更喜欢观音菩萨……

问：这两年你最痛苦的时候是什么时候？当时是什么感觉？

答：孩子半岁以前吧，非常艰难，详见孩子妈妈写的第三章，那时孩子也没啥交流表达能力，还不如猫讨人喜欢。上班是最轻松惬意的时光了。

问：你认为你妻子当妈妈后最痛苦的是什么时候？

答：第一个月喂奶不太顺利，月嫂也不省心，但是痛苦给了她写作动力，当时她一边流着血一边在深夜打字，我挺佩服她。

问：成为父亲后，有没有感受过快乐？如果有，这种快乐对你的重要程度有多高？

答：孩子能交流表达，运动能力比较强了之后稍微有点意思，嗯……比猫有意思了。以前养猫的时候听说猫的智力相当于4~5岁孩子，真养了孩子后，感觉1岁多点就完爆猫的智力了。

重要程度很高，自从发现她比猫聪明后我就没那么烦躁了。感觉日子有点盼头了。偶尔跟孩子有些对话还能让我笑上一会儿，勉强能算一种娱乐。

问：在男人的一切角色中，比如儿子、丈夫、野心家、征服者……父亲这个角色，在你心里排第几？

答：没想过……为啥要排名……

问：当父亲们在一起聊孩子、聊家庭时（假如他们会的话），是什么样的氛围？讨论什么样的内容？

答：父亲们偶尔会聊孩子、聊家庭，一般都是刚结婚或者准备要孩子的同事向过来人请教。有一种老兵给新兵讲打仗有多残酷的氛围。

老兵吹得栩栩如生，声泪俱下。新兵不以为意，轻松听乐子。不亲历一次是不会让男孩子意识到生活有多艰辛的。

为家庭孩子付出相对较多的老父亲更愿意参与这种话题，内容涵盖面也比较丰富，包括但不限于老婆分娩的状况、婴儿喝奶、奶粉牌子、月嫂、纸尿裤品牌、早教班、幼儿园、学区房、孩子生病等。

问：你更喜欢现在的自己，还是成为父亲之前的自己？

答：开弓没有回头箭。

问：你认为有没有什么东西，是只有父亲能够或者最好是父亲给予孩子的？

答：规矩，子不教父之过。感觉妈妈和老人们对孩子的溺爱有时候有点过。得有个立规矩的，我挺适合演坏人。

问：你如何看待当今"丧偶式育儿"现象和话题？

答：男性确实缺乏带孩子的天赋，让我一直陪孩子实话说挺烦躁的，而我的烦躁会直接在孩子面前表现出来。据我观察爷爷也这样，尽管我感觉爷爷对孙女的爱远胜过我，被烦得不行会不由自主地提高嗓门嚷嚷，眉头皱得非常明显。

我发现面对小朋友的无理取闹时妈妈、姥姥、奶奶都有相当惊人的耐心。孩子闹得再凶都会想办法柔声细语哄好。

久而久之，孩子会首选家里的女性，我和爷爷这种也乐于躲清闲，多做做家务就是了。

完全丧偶式的，大概脑子里那个父亲开关没拨开吧。

问：当在网上看到相当多的批评男性逃避育儿责任的声音时，你是什么感受？你认为男性在看到这种批评与不满时，是会优先选择逃避还是改变？

答：嗯……在男性经常冲浪的地方其实不聊这个，男性也不会刻意去参与这种话题。如今网络已经小圈子化了，男性的舒适讨论区大约是枪、车、球，并不会关注圈子外的事情。真正愿意参与这个话题的男性恐怕也都是为家庭付出相对较多的。这就叫幸存者偏差吧。所以其实不积极分子并没有什么感受，肯定会有些脑子里没拨开父亲开关的兄弟永远无法改变。

问：相比越来越多的女性叙事，以及关于母亲的话题得到讨论与重视，你认为造成父亲们"集体失声"的原因是什么？

答：一方面，确实父亲们在带孩子方面和母亲存在差距，手短嘴也短。另一方面，从整个大环境来说，对父亲的要求和评价体系确实宽松。稍微能搭把手的就已经不丢人了。

父亲这个集体从社会分工属性来说，内部的评价体系更倾向于谁的爸爸带回来的猎物多谁就是好爸爸。男性群体内部也是这样的认知，所以并没有意愿争取这个话题的舆论阵地。

问：你如何评价身边当了父亲的同龄人？

答：有的当爹又当妈。有的依然风流潇洒。

问：你如何评价身边当了母亲的同龄人？

答：可敬的斗士。

问：你在意旁人评价你当父亲的表现吗？

答：不丢人就行。

问：在对孩子的感情上，你觉得父亲和母亲有什么本质的区别么？

答：感觉母亲对孩子的感情是自发的、无条件的、不求回报的。

我个人感觉我对孩子的感情更像一种朋友相处的模式下的感情，该玩玩该闹闹，你要是惹我，我真生气，真想绝交。

问：有孩子以后，夫妻关系有什么变化吗？

答：增加了一份战友情。

问：有孩子以后，对你的工作有影响吗？

答：很少出差了，少个搭把手的家里人的工作量暴增。

问：你会觉得孩子从你这里夺走了你妻子的注意力、光和热吗？

答：也还好，感觉菩萨也是被逼的。

问：你认为妻子写这本书，最大的价值是什么？

答：对于当了妈妈的女性读者，尤其是新手妈妈来说是一种情绪释放、共鸣、舒压读物。

对于没生过孩子的女性读者来说是一种探索、比较读物，对准备生孩子的女性读者来说，有让她们提前避开一些"坑"（比如哺乳、请月嫂）的价值。

对于男性读者来说可以算是理解女性生育过程心理变化的科普读物。

问：这本书所写的都是你和妻子一起经历过的事，当这些事情转变为文字后，你阅读时有什么新的体验感受吗？

答：没想到有这么百转千回，对于女性的心理世界大为震撼。

问：你觉得会有男性看你妻子写的这本书吗？假如他们看了，会有什么样的感受？

答：应该会有男性想要了解老婆在转变成母亲的这一两年脑子里在想些什么。估计会和我一样为女性的心思震惊感叹。

问：有没有什么想对男性读者说的？

答：能看到这儿的兄弟肯定不丢人。

问：如果给自己打分的话，你觉得自己目前是一个多少分的父亲？你的理想分是多少？

答：及格了就行。

问：文学中谈父亲，一定程度上都是从"背影"去看的，"父亲的背影"成了一种文化符号，这似乎代表着中国传统的父亲和孩子之间，是一种略显紧张、疏离、沉默的关系，你认为你和你父亲是这样的关系吗？在你和你的孩子之间，会延续这种传统关系吗？

答：我和我爹关系还不错，感觉也有点类似于朋友，小时候我爹不太管我，但会给我讲很多很多知识。具体学习成绩也没有要求，大概就是及格就行，别给他添堵。

我应该会按我家这种模式继续下去吧，感觉做父亲的也没必要那么严肃，该玩玩、该闹闹呗。当然希望孩子也别给我添堵。

问：心理学有种理论，说一个男人成长为父亲，首先要克服英雄情结，再者要舍弃青春情结，最后还要放弃"灵魂伴侣"这一幻想（因为一个放弃了英雄之梦、声色犬马、自由的男人，会把幻想重新投射到妻子身上，要求她永远把他看作世上最完美的英雄。就如士兵对待统帅，要求她如神仙姐姐般千变万化，而一旦这个妻子满足不了这些幻想，他会再次离家回到英雄梦、少年梦、神仙梦的路上），你怎么看？

答：这是道"送命题"，感觉好像有点道理的样子，我已经舍弃这三种幻想了，嗯。

问："男人至死是少年"这句话，你怎么看待？

答：感觉挺对的，我至今没事还会打打游戏消遣一下。

问：为何没有"女人至死是少女"这句话，你认为是成为母亲促成了女人剧烈的心理蜕变吗？

答：确实，老婆自从当了妈，成熟了许多，忙碌了许多，游戏也不怎么打了。

问：对于男人来说，有没有类似的蜕变？

答：应该没有。可能只是换一种消遣方式而已。

问：你认为在现代社会中，男性具备什么样的特质或条件，能使他从容体面地做一个父亲？（既不受人指责，自己也不感觉特别痛苦）

答：在养家糊口和回家搭把手之间获得平衡。每个人每个家庭的平衡点不同，很难具体。

问：你认为孩子是更多地消耗了你，还是助推了你？

答：迄今为止，肯定是消耗多，未来不知道。

问：与母性相对的，你认为存在父性吗？你觉得自己身上有没有这种特质？

答：不存在父性一说，就如前文所述，感觉男性没这个天赋。我当爹当得也不太合格……

问：你期待从父亲这个角色中得到什么？

答：大概是和孩子处成吵得再凶也不会真绝交的挚友吧。

其实是从做了父亲之后渐渐地能看清我和我父亲的关系，小时候在我眼中父亲就像一部百科全书，天文地理无所不通，挺崇拜他的。但近些年，随着年龄的增大，我能感觉到父亲已经有点跟不上现在这个时代了。

希望在我变成老头的时候，孩子能告诉我那时候的世界发生了什么。

问：假如能回到两年前，你会对成为父亲之前的自己说什么话？

答：英雄，愿你有一段无悔的旅程。

### 描绔说 ▶

我曾因为工作采访过各行各业的人，这回提问自己的丈夫，也别有一番新鲜。

我发现很多时候，我们跟陌生人可以聊的话题，跟最亲近的人反而难以开口。我和丈夫成为父母两年了，上面的问题，要不是因为这次机缘，我们也不会聊。

看了他的回答，还是有不少新的信息量。

比如男性经常冲浪的地方其实是个"小圈子"，他们不会刻意去参与育儿话题，也不想争取这个话题的舆论阵地——我看了这个心里有点沉沉的。

又如男性在一起聊孩子聊家庭，老兵吹得栩栩如生，声泪俱下，新兵不以为意，轻松听乐子，不亲历一次是不会让男孩子意识到生活有多艰辛的——这我倒是挺意外，因为我几乎没见过男同事们聊这个，如此说来，他们都是关起门来聊？

再如，丈夫说，这本书对于男性读者来说是理解女性生育过程心理变化的科普读物——我加两句，这本科普读物一点都不晦涩，读起来的体验比较像小说，篇幅也不长，大家可以推荐为人夫、为人父的男同胞们读一读。知名图书策划人萧溪老师，是一名二胎爸爸，几年前也请过月嫂，他读完第二章以后还特地对我表达："代入感满满，非常有共鸣。"

另外，我看出，丈夫对自己做父亲的要求就是"不丢人"，他就像草原上一头晒着太阳的公狮子，有时候小狮子爬到他长满鬃毛的头上，这儿撕撕，那儿咬咬，他还要一巴掌把小狮子呼下来——他说："孩子要是惹我，我真生气，真想绝交。"

而我呢，像只殚精竭虑的母兽，总是在想，我有没有把最好的给孩子？我成天到处搜寻，四处奔走，心灵和躯壳皆在跋涉。

联系上女儿猫顺的名字，我们真是名副其实的"大猫的一家"。

最后，在这个信息很拥挤的时代，你愿意读完这数万文字，已赋予了这些文字非凡的意义，谢谢你。

庆幸，在故事沉睡之前，我将它们和盘托出，这本小书的意义在于，在母亲这本古老、宏大、高尚的人类巨著后面，添加上私人化、个性化的注脚。

如果你愿意的话，可以在本书上架后留下你对这些文字的感受，或者分享你成为母亲的故事，我一定会去读的。

你将和我一起，为母亲这本古老巨著添加密密麻麻的注脚，戳破一个个生育事件的秘密，让其更清晰、更细腻、更生动、更鲜明、更丰盈、更广博、更现代。

往后讨论母亲的人们，也许会看到曾发生在你我身上的感受，从而更加理解真实世界中的母亲。

# 致谢

我想感谢好友佳妮,她的儿子比猫顺大9个月,她曾对我说过这样一段话:"亲爱的,抱歉这么晚给你发信息,希望你明早睡够了觉再看到。今晚机缘巧合看到了你的文章,一口气读到现在,心疼你,钦佩你,想念你,无法言语……只希望你能照顾好自己,照顾好猫顺。这些年你一定经历过很多艰难的时刻,但是你没有放弃学习和思考,所以你的文字细腻又深刻,触动人心又发人深省。我感觉洞察力和表达力是你的天赋,写作或许会让你取得成绩。有了孩子以后琐事会很多,工作难免会受一些影响,但是你这份天赋千万不要放弃,不然太可惜了。期待看到你的文字温暖更多的读者。"

感谢读者思严,她说:"作者的语言太精微了,就是要用一颗敏感的心的感悟力,来把这些细节公之于众。就像作者说的,我们的文学里对真实的孕育记录描述的太少太不足,总是大而化之地说一些坚强壮烈的话。其实孕育孩子的过程,真的是对女性的一种极深刻改变,不是一句总结性的话语,就可以把一切包括进去的。谢谢作者,可以层层剥开、细致入微地重视成为母亲了的女性的感受,'被看见'就是一种疗愈。"

感谢读者胡鲤,她说:"我是妇产科医生,经常看到分娩过程，但是因为学医人都是理科人吧，不能把分娩时犹如坐从天到地、从地到天的巨型过山车般的感受精准描述出来，所以看到这篇文章作者精彩精准描述，太痛快了。是的，之所以能为母则刚，就是妈妈和孩子共同经历过生死考验的锤炼。很幸运，大人孩子都活着，而且是健健康康地通关，太好了！"

还要感谢很多读者，无法在此一一列举。

写作需要不断克服自我怀疑，她们也许不知道，这些话对我的影响有多大，我曾在很多次信心动摇，觉得无法坚持下去时，翻看这些话，从而重获力量。

感谢我的好友怡橦、好友维姐，虽然她们还没有做母亲，但她们耐心地听我倾诉，我们就母亲这一话题有过很多交流。

我的前辈磊哥与嫂子东梅，前辈虫妈，我的好友小陶、木木、帆帆，虽未被本书提及，却存在其中。

我的家人是我永远的臂膀，感谢猫顺的爷爷奶奶王先生和陈女士，感谢给予猫顺关爱的所有家人，我丈夫的奶奶于去年离世，姥姥于今年离世，她们是两位值得敬重的女性，她们在世时，以一种经历过一生的女性的视角，给了我和猫顺温暖的问候，在此感谢并纪念她们。

感谢我的父母，在物质并不富裕的年代，他们花钱买回、订购很多书和杂志给小时候的我阅读，感谢母亲宋女士帮助我度过生育之初最艰难的阶段，没有她，我无法写下一个字。感谢我的姥姥杨女士，她就像《百年孤独》中的老祖母乌尔苏拉，养育了一个家庭的几代人——包括我，感谢我的姥爷宋先生，他博学广闻，是我人生最初的启蒙老师。

写作是个孤独的行当，感谢我的丈夫小王，他是本书的第一位读者，他指出其中一些问题，我修改后发现阅读体验的确得到了优化，他相信写作是最适合我的事业——甚至比我本人还相信，并且鼓励我坚持下去，这对我至关重要。

谢谢我的芳邻、德高望重的艺术家——霍教授，他是猫顺的霍爷爷，对她关怀备至，他也是我的霍老师，阅读我的作品并鼓励我，他曾在中央戏剧学院及中国传媒大学教书育人几十年，桃李遍天下，他的智慧令我受益良多。

衷心感谢中国纺织出版社的编辑老师以及图书策划人萧溪老师，他们从出版专业的角度给我宝贵的建议和指导，使这本书以更加成熟的面貌与你见面。

最后，谢谢我的女儿，她如今给予我的幸福滋味日益浓厚，我想成为一个令她感到自豪的母亲。她长大后，若选择成为母亲，希望这本书能够陪伴她，并向她揭示她人生故事的最初。